中 2656

小原嘉明著

本　能

——遺伝子に刻まれた驚異の知恵

中央公論新社刊

まえがき

きれいな花に成りすましてハチやチョウなどの昆虫をおびき寄せ、これをまんまと仕留めて食べるハナカミキリ。力で勝負するライバルのオスに対して、メスを装って騙《だま》し、生殖相手のメスを横取りするサケのオス。ここはメスを産むのが得だと承知しているかのように、産む子の性を選択し、それを見事に実行するアカゲザルのメス。その一方で、何千キロにも及ぶ長距離を、羅針盤も用いずに飛び続けて目的の地にたどり着く渡り鳥。

動物が繰り広げる超能力ともいうべきこれらの信じがたい行動を、動物は一体どのようにして身につけたのだろうか。一説にそれは本能だといいます。動物は生まれながらにして、このような超能力を授かっているというのです。しかしこの説明に十分に満足する人は必ずしも多くはないのではないでしょうか。それは科学的にすっきり説明できないことを、本能という言葉で包み込み、単に問題の本質を覆《おお》い隠しているだけのことではないか。皆さんの中にも、そんな疑問を抱く人は少なくないと思われます。

動物行動学の研究に長くかかわってきた私も、そのような人のひとりです。そもそも本能という言葉自体に誤解を招くあいまいさがあることから、この言葉はもはや使用を避けるべき死語に等しいのではないか、とさえ思っていました。しかしほとんどもっぱら本能行動を生物学的に追究する動物行動学に携わってきた者として、一度はこの問題は考えてみるべきではないか、という思いもありました。そんな折、中公新書から本能についてまとめてほしいとの相談を受けたのを機に本能について思索をめぐらした結果、第6章、第7章に述べる構想に思い至りました。そこで、これを機会にこの構想を本にまとめてみようと思い、執筆をお引き受けすることにしました。

本書はまず動物が繰り広げる多様な行動の紹介から始まります。つまり動物の生存に必須の「採餌《さいじ》（餌取り）行動」と、オスとメスが全力で取り組む「子を遺《のこ》すための生殖行動」に絞って、具体的な事例を紹介しつつ、その行動が動物行動学あるいは進化学の立場からどのような意味があるかなどについて解説を加えます。ここでは単純に動物の奥深くて多彩な本能のすばらしさ、不思議さに触れ、楽しんでもらうことが主要な目的です。

それに続いて動物の本能行動を含む行動が、どのような仕組みで形作られるか、行動の仕組みについて追究します。ここで大事なことは、動物の行動は、捕食者などの外界の行動対象を的確に受容する感覚器官、感覚器官からの情報を中枢神経に伝える感覚神経系、その感覚情報を適切に処理する中枢神経系、あるいはしかるべき筋肉をしかるべく活動させてしかるべき行動を構築するための神経的青写真を作る中枢神経系、その中枢神経系からの神経司令を筋肉に伝える運動神経系、その神経司令を実際の行動として表現する筋組織など、実に多種多様な組織や器官が総動員されてはじめて成り立つ複合形質であるという事実です。

本書ではこの事実とこれらの組織、器官の発生学的知見から、動物の行動の基盤部分は基本的に経験なしでも正常に形成されることを説きます。つまり動物の行動は基本的に本能行動であるという考えを提唱します。この考えの提唱が本書の核心部分です。実は学習がすべてと考えられがちな人間の行動も、ごく一部の例外を除き、基本的に本能行動であることも指摘します。

本書が本能について考えるきっかけになれば幸いです。

本書を著すに当たって、山元大輔《やまもとだいすけ》東北大学名誉教授（国立研究開発法人情報通信研究機構上席研究員）と小金澤雅之《こがねざわまさゆき》東北大学准教授および佐藤耕世《さとうこうせい》氏（同研究機構主任研究員）には、キイロショウジョウバエの求愛行動の神経機構についていろいろ教えていただきました。ここに心よりお礼申し上げます。

目次

まえがき i

序章 動物の行動を支える本能 1
新生児の驚異の本能　成長後の動物に見られる本能　渡りの方位を割り出す鳥　親に求められる仕事　本書の構成

第1章 本能の深遠なる奇計 15
おびき寄せの罠猟　外国語を話すホタル　恐るべき成りすまし屋　ダンス言葉で餌集め　農業をする動物　ハキリアリのキノコ栽培

第2章 餌取り行動の収支決算 37

動物の行動の新しい追究道具　どこでどのように採餌するか　どれを採るか　餌場の放棄時間　賢い餌の処理　道具を使って餌を捕る動物　餌の貯蔵を可能にする抜群の記憶力　賢いカラスの悩み

第3章　奮闘するオス——69

賢いメス探し　体力戦で勝負するオス　弱いオスの裏技　痛み分けの勝負　魅力のアピール　結納品で誘うオス　衝撃の子殺し　必死の配偶者ガード　投身自殺するクモのオス　仁義なき泥仕合

第4章　したたかに操り、選ぶメス——103

ぬかりない気配り　オスをも栄養源とするメス　秘めたるメスの狙い　高いハードルを設定するわけ　子育て能力の品定め

浮気するメスの下心　気になる血縁者　賢い産卵数の調節
産卵産子も知恵の見せどころ　ハチ目昆虫の特異な性操作　未亡
人メスの天才的オス操作術

第5章　オスとメスの立場と都合――139
生殖で動物が目指していること　生殖利得の中味　生殖細胞に隠
された非対称　非対称が作り出すオス余りとメス不足　オスとメ
スの立場の逆転　性転換で稼ぐ魚　「本能」の吟味に向けて

第6章　行動を組み立てる多様な組織器官――159
行動の成熟と本能　報酬なしで上達するヒヨコのつつき　複数の
組織・器官の関与の見落とし　本能と学習の協働　心変わりする
メス　交尾拒否行動の仕組み　中心的役割を演ずる中枢神経系
聞こえなくなった音　体内因子の影響　自己受容器官

第7章　行動の司令塔 181
研究対象動物の制約　羽ばたきを起こす仕組みと飛翔筋　奇跡の同期的活動　行動の司令塔　行動中枢　婚礼ダンスが示唆すること　パターン化された放電　電気刺激によるパターン放電　漏れ聞こえる行動楽譜　姿を現した行動中枢　行動の組み立て現場　本能についての新しい考え　学習にも必須の本能

第8章　人間の本能 217
新生児の行動　自発的な行動の発達　困難な新しい行動の組み立て　危険に備える本能　思いを寄せる異性　無意識下の配偶者選択　子育てを支える母性　過酷な哺乳類の子育て　大きな脳がもたらした難問　母親を苦しめる未熟児　父性の進化

序章　動物の行動を支える本能

新生児の驚異の本能

本能という言葉は、特に生物学にかかわりがない人でも、いつかどこかで耳にしたことがあるに違いない、比較的なじみのある言葉ではないでしょうか。皆さんも中学か高校の生物の授業で教わったことがあろうかと思います。そこでは本能とは「動物をしかるべき行動へと駆り立てる、動物に生まれながらに備わっていると想定される性質、あるいはそれによって発現する行動」というような内容で教わったかと思います。ここで「動物に生まれながらに備わった……」は、言い換えると「動物が経験や学習をしなくても実行できる……」という意味です。

このような規定に合致する行動は、一般的には生まれたばかりの新生児か、あるいは生後間もない乳幼児に発現することが期待されます。なぜなら、乳幼児はそれ以前に何らかの行動を経験する機会がほとんどないからです。それゆえ彼らが示す行動は彼らがはじめて行う行動であり、それ以前に経験したことがない行動だからです。こういうわけで新生児あるいは乳幼児など、生後間もない子供の行動は本能の定義によく合致すると考えられます。

人ばかりではありません。例えばメダカの稚魚は、卵から孵化《ふか》するとすぐに尾鰭《おびれ》など、泳ぎに関与する器官を動員して泳ぎます。ガゼルやヌーなど、多くの草食動物の新生児は、生まれて間もなく4本の脚で立ち上がりますが、これは魚の泳ぎよりもはるかに難度の高い行動です。これをこれらの動物は誰から教わることもなく成し遂げます。そのうえでこれらの新生児は、4本の脚を協調的に動かして歩きます。

アカウミガメの新生児は、砂浜で孵化した直後から4本の脚を適切に動かして歩き出します。しかし子ガメはただ歩くだけではこの行動の目的が達成されません。問題は、子ガメが目指す方向です。子ガメは一斉に海を目指して歩きます。これは子ガメが生き延びるための必須の条件です。海中で生活する彼らにとって、砂浜から内陸に向かう行進は死への行進になるからです。アカウミガメの新生児は、誕生直後から正常な歩行ができるだけでなく、進む方向もあらかじめ知っているかのように、正しい方向に向かいます。

哺乳類《ほにゅうるい》の新生児の乳飲みはさらにもっと難しい行動です。乳を飲むためには新生児は口内を陰圧（内部の圧力が外部より小さくなっている状態）にしなければなりませんが、この陰圧を実現することが容易ではないからです。これが例えば口が注射器の筒のような形をしていて、それを乳房に押し当てたうえで、内筒《ないとう》の取っ手を引くことで実現するならことは簡単です。取っ手についている筋肉を収縮させればいいからです。

しかし口はそのような構造をしていません。新生児は口を乳房に押し当てたうえで、乳頭を舌で包むように支え、そのうえで口とその周りの筋肉を微妙に協調して適度の強さで収縮させなければなりません。その際、鼻から肺に通じる気道は閉じていなければなりません。

このときこれらの筋肉のそれぞれが勝手なタイミングや強さで収縮するなら、口内は決して陰圧にはならないでしょう。

乳飲みがいかに難しい技かは、例えば空気の出し入れが自由にできるボールに空気を入れることをやってみればよく分かります。ボールが赤ん坊の頰《ほ》っぺたで、空気が乳です。空気が抜けて半分くらいぺちゃんこになったボールに、空気の出し入れ口から空気を押し込むのではなく、ボールを外からの力で膨らませることでボールの内部を陰圧にして空気を吸い込むのです。そのためにはボールのへこんでいるあたりを摘《つ》まんで引っ張るなどの方法がありますが、乳飲みではこの技は用いられません。なぜなら赤ん坊の頰っぺたの外側には、頰っぺたを摘まんで外側に引っ張るような筋肉や機械的構造がないからです。

新生児が乳飲みのこの問題をどのようにして解決しているかは分かっていませんが、もし乳はどのようにして吸うかを新生児に教えなければならないとしたら、人間を含む哺乳類の母親は途方に暮れてしまうでしょう。このような複雑で微妙な筋肉の協調的収縮は、試行錯誤を通して学習することはとても無理です。そもそも新生児には乳飲みを学習する暇《いとま》もありません。このような超難度の行動は本能なくしては実現することができません。

成長後の動物に見られる本能

トンボやチョウなどの成虫は、蛹《さなぎ》から羽化して成虫になりますが、成虫になったそのときから待ったなしで実行しなければならない行動がいくつもあります。そのひとつは飛翔《ひしょう》です。羽化したばかりの昆虫の成体は一度も経験したことがない空中への飛び立ちを敢行し、空中を飛ばなければなりません。そのとき、翅《はね》はどのように羽ばたけばいいか、また向かい風や追い風を受けたときはどのように羽ばたけばいいかなど、複雑で難しい航空力学的問題を解決しなければなりません。それも一時《いっとき》の猶予も許されない瞬時の対応が要求される超難度の技です。

彼らが食べる餌も、まだ一度も食べたことがない餌です。例えばモンシロチョウの幼虫のアオムシはキャベツなど、アブラナ科の植物の葉を食べますが、チョウとなったそのときから餌はまだ経験したことがない花蜜《かみつ》です。花蜜はどこにあるか、また花のどこをどのように探せば蜜に行き着くかも教わっていません。しかし昆虫はすべてこのような難題を本能の力によって難なく切り抜けています。

動物は成体になってやがて性成熟を成し遂げると、それまでに経験したことがない生殖関連の行動をしなければなりません。例えばサケは繁殖場所の生まれ育った川を探し当て、それをさかのぼって上流の浅瀬にたどり着いた後、川底の小石や砂を尾鰭で扇《あお》ぎ飛ばして浅い窪《くぼ》みを作ってそこに産卵します。

これらの行動のすべてがはじめて経験する行動です。もちろん産卵のときはメスとオスは放卵と放精を同時に行いますが、これもはじめてです。もしここでオスまたはメスが放精あるいは放卵のタイミングを誤ると、卵の受精は危うくなります。卵や精子が流れに流されて受精の機会を失ってしまうからです。そのタイミングの合わせ方も、本能の力によって成し遂げられます。

脊椎動物の中でも両生類、爬虫類《はちゅうるい》、鳥類、あるいは哺乳類は、オスとメスが行う繁殖行動はもっと手の込んだ技量を必要とします。交尾の前に求愛と呼ばれる特有の行動を実行しなければならないからです。アカショウビンやカワセミのオスはメスの同意を得るために、メスへの「結納品」を贈呈しなければなりません。オスは小川で魚を捕らえてそれをメスに口渡しでプレゼントしなければならないのです。これらのオスは、魚を捕ることはそれまでに何百回、何千回も行っているのは確かですが、捕らえた魚を自分が食べるのではなく、メスにプレゼントするのはこのときがはじめてです。

動物は成体になっても本能なしでは乗り越えられない難度の高いハードルを、いくつも越えなければなりません。

渡りの方位を割り出す鳥

ある種の動物は繁殖や越冬のために何百キロ、何千キロにも及ぶ長距離を移動します。ルリノジコという鳥は夏季はアメリカ東部で繁殖しますが、9〜10月になるとおよそ3000キロメートル南方のバハマ諸島やメキシコ南部などの中央アメリカに渡り、そこで越冬します。

ルリノジコの渡りは夜に行われます。そこで実験です。ルリノジコを天井が網になっている筒状の容器に入れます。容器の中のルリノジコからは、網越しに夜空は見えますが周りの景色は見えないようになっています。ルリノジコはこのような状態でも渡りの方位に向かって飛び立とうとします。ただしそれは網越しに夜空を見ることができるときだけです。夜空に雲がかかっている場合、ルリノジコは正しい方位を目指すことができなくなります。飛び立ち方位はバラバラで、でたらめになってしまうのです。

プラネタリウム内で行った実験によって、ルリノジコは夜空の星を手掛かりにして渡りの方位を見出《みいだ》すことが分かりました。ルリノジコは天球の回転中心、つまり北極星の近くのおおくま座やカシオペア座など、複数の星が作る星座パターンを手掛かりにしていることが分かったのです。つまりルリノジコは夜間にゆっくり回転する星座を見て、その回転中心を北と認知し、これに基づいてどちらの方向に飛び立つかを決定します。

星空の回転中心を北とし、それに基づいて渡りの方位を決める方位決定方式は、ルリノジコに先天的に備わっています。例えばルリノジコの幼鳥をプラネタリウムに持ち込み、そこで北極星の代わりに天球の赤道近くにあるオリオン座のベテルギウス星を中心に回転する星空を見せて育てると、ルリノジコは正しい渡りの方位とおよそ90度ずれた方向に向かって飛び立とうとしました。それはルリノジコが天球の回転中心を北とみなして渡りの方位を決める、とする仮説から予測される方位でした。

ヨーロッパに棲息《せいそく》しているホシムクドリも長距離に及ぶ渡りをしますが、この鳥は渡りの方位を決める際に太陽を羅針盤として利用することが知られています。同様のことはハトやミツバチの帰巣でも知られています。これらの動物は太陽を手掛かりにして、目的地への方位を決めます。

しかし太陽を羅針盤にして渡りの方位を決定する方法には大きな問題がひとつあります。それは太陽が不動の定点ではないということです。太陽は時刻とともに位置が変わります。そこでもし太陽から常に一定の角度を保って飛び続けるとすると、これらの動物の飛翔軌跡は円を描いてしまい、正しい方位からそれてしまいます（27ページの図1―2を参照）。

これを正すには太陽の動きを補正しながら飛ばなければなりません。この問題はミツバチの帰巣行動ではじめて研究され、解き明かされました。ミツバチは体内時計を用いて太陽の動きを補正し、正しい帰巣路を見出していることが巧みな実験によって証明されています。

親に求められる仕事

交尾後にもオスとメスにはやり遂げなければならない未経験の仕事があります。特にメスには産卵や出産の大仕事が控えています。チョウなどある種のメスは、自分の子が食べる植物は何という植物かを知っていなければなりません。他の動物に卵を産み付ける寄生性の動物のメスは、宿主の動物を熟知していることはもちろん、産卵数も調整しなければなりません。宿主がたくさんいるときなら、メスは1宿主当たりの産卵数は少なめにするのがいいでしょう。なぜならそうすることで子供は十分量の餌があてがわれ、大きく育つからです。しかし宿主が少ないときに卵を少数産めば、さらなる宿主が見つからないために卵の産み残しが起こり、むざむざ卵を無駄にしてしまいます。モンシロチョウの幼虫のアオムシに寄生産卵するアオムシコマユバチは、この点ぬかりなく対応しています。

ハチやアリのメスは、産む子の性を選択し、自分の繁殖に有利になるようにオスとメスを産み分けます。オスの子を産むかメスの子を産むかは神のみぞ知るといわれますが、これらの動物のメスはそれに劣らない天賦《てんぷ》の知恵を授かっています。例えばミツバチの女王は、自分の家族（コロニー）の子孫を産み出す任を負った息子のオスバチが必要な春～初夏には息子を産みますが、息子のその任が終了して、もはや不要となる夏季以降は息子を産むことを控え、ほとんどもっぱら娘（メス）だけを産むようになります。

息子と娘の産み分けは、哺乳類でも知られています。キタオポッサムやアカシカのメスは、体調がいいときには息子を多く産みます。一夫多妻の哺乳類では、体調のいいメスの十分な庇護《ひご》のもとに育った子は、そうでないメスに育てられた子より一般的に大きく頑健に育ちます。そのような息子は繁殖時にライバルのオスとのメスをめぐる戦いに勝利する可能性が高く、より高い確率で一夫多妻になります。それは母親により多くの孫をプレゼントすることを意味します。

アカゲザルのメスはメスだけから成る母系社会を形成して生活しています。この社会では社会的順位の高いメスはメスの子を、逆に社会的順位の低いメスはオスの子をより多く産むことが、それぞれのメスの繁殖にとって有益です。なぜかというと、上位のメスの高い地位を引き継ぐのは、母系社会ではメスの子だからです。メスの子は親の高い地位の恩恵を受けて、生存や繁殖がより首尾よく進行します。これに対して、オスの子は生殖年齢《い》に至る前に母親の高い地位と縁切りして集団を出て行くので、母親の高い地位の特典を活かすことができないからです。実際、アカゲザルのメスは社会的順位に応じて息子と娘を産み分けていることが知られています。

産んだ卵や子の世話も大事です。アフリカ南東部にあるタンガニーカ湖などの大地溝帯に沿った断層湖には、口内で卵や仔魚《しぎょ》を保護して育てる魚がたくさん棲息することが知られています。これらの魚はメスが産んだ卵をメスまたはオスが口に含み、卵を他の捕食性の魚から守ります。口内保育する魚はオスもメスも、いかに空腹であっても口内の卵を飲み込むような誤りを犯しません。

カッコウナマズという魚は、これらの口内保育する別の魚の隙《すき》をついて、その口内に自分の卵を産みます。そして自分の卵とそれから孵化した仔魚の保護を、宿主に押し付けます。いわば子育て寄生です。

それればかりではありません。ナマズの仔魚は宿主の卵より早く孵化し、遅れて孵化する宿主の仔魚を餌にして育つのです。宿主にとっては自分の子を捕食されたうえに、その憎むべき外敵の子を育てるという、踏んだり蹴ったりの損害を被ります。ちなみにカッコウナマズという名前は、托卵《たくらん》（自分の卵を他の鳥の巣に産むこと）という習性をもつカッコウに由来します。

大部分の哺乳類では、生まれ出た子の保護や給餌はすべてメスが単独で行います。メスは新生児が体温を失わないように抱き込んで保温したり、排泄《はいせつ》を促すなどの世話のほかに、授乳という難業を単独でこなしていきます。すべてはじめての仕事です。本能とはいえ、はじめて経験するこのような子育てを単独でやり遂げるメスたちの力は、やはり驚きに値します。

以上に述べてきたように動物は生涯のいろいろな段階で、それ以前に経験したことがない行動を迫られます。本能はそのたびに無類の力を発揮し、動物を支えています。

本書の構成

こうしてみると、本能はある少数の動物の、例外的で特殊な行動に限られるものではなく、広範囲の動物の、一般的行動でも重要な役割を演じていることが分かります。本能なくして動物の生きるため、生殖するための行動は成り立たないといっても過言ではありません。

本書はこのような観点から動物界に見られるいろいろな本能行動を概観し、その中から皆さんも関心を持たれるであろう事例を紹介することから始めます。まず第1章と第2章では動物が生きるために必須である餌採り行動の紹介と解説です。ここではいろいろな動物の、奇策ともいえる特殊な採餌技量を駆使した採餌行動を紹介した後、採餌のエネルギー効率（餌から取得するエネルギー÷餌採りに消費するエネルギー）の最大化を目指す動物の本能に基づく採餌行動を紹介します。

第3章から第5章は、動物の生涯の最大の目標である繁殖に関連する本能行動を紹介すると同時に、それについての解説を加えます。この繁殖行動は、動物の本能が最も華やかに躍動する行動ですが、その奥深い本能に駆動されて繰り広げられるオスとメスの繁殖行動は、興味が尽きません。

実は本能という概念についてはいろいろ問題があります。そもそも本能はその定義そのものにあいまいさがあり、そこからいろいろな疑問が発生しています。そこで第6章と第7章では改めて動物の行動の仕組みを分析し、本能行動を含む行動は複合形質であることを指摘すると同時に、それが本能を考えるうえで極めて重要であることを強調します。またそれに基づいて、動物の行動は基本的に本能が土台になって形成されていることを強調します。

人間は他の動物と違って、本能むき出しの行動をとることは滅多《めった》にありません。しかし他の動物と同様に、生後間もない人間の新生児は、誕生以前に何らかの行動を経験することは一般的にはありません。その点、人間の新生児の行動のほとんどは本能行動といっても間違いありません。第8章ではこのような観点から、乳飲みやハイハイ、あるいは微笑《ほほえ》みや怒りなどの感情表出行動や生殖関連の行動など、人間に見られる本能行動について紹介し、考察を加えます。

第1章　本能の深遠なる奇計

生きるために狩りの腕を磨く捕食者。それを巧みにかわす被食者。ならばと奇策を講じる捕食者。一方で百万単位の個体から成るコロニーの台所を賄《まかな》うために「農業」を発明したアリ。生きるための食糧確保の戦いの中で、いかんなくその底力を発揮する本能。第1章ではその本能の力の一端を見てみましょう。

おびき寄せの罠猟

動物が生きていくために第一に必要なことは餌の摂取であることはいうまでもありません。しかしその餌の摂取は必ずしも容易ではありません。特に他の動物を餌とする肉食動物は、餌の獲得は簡単ではありません。むやみやたらに獲物に襲いかかっても、たいていは獲物の俊敏な防衛反応の前に、徒労に終わってしまいます。

これに対して、ある種の動物にはより確実に獲物を捕獲するための行動が発達しています。カエルアンコウはそのような動物のひとつです。この魚は海底の岩場やサンゴ礁、砂底などを脚の形に変形した鰭《ひれ》を使って歩き回るなどして生活しています。体はずんぐりむっくりした形で、愛嬌《あいきょう》のある体形をしていますが、体表面は赤や黄、あるいはクリーム色がかった白または黒などの色がちりばめられています。茶色やピンクの斑点《はんてん》や斑紋も施されています。

この魚には大変よく目立つ仕掛けがあります。「釣り竿《つりざお》」です。背鰭《せびれ》の一番前の鰭条《きじょう》（ひれすじ）が釣り竿のように変形して前方に突き出ているのです。さらにその先端には「虫」がついています。鰭条の先端が変形して小魚の好む海産の虫のような形をしているのです。アンコウはこの「虫」をこれ見よがしにくねくねと動かして、小魚を誘います。小魚がたまらずにこの虫を食べに近づいたその瞬間、アンコウは大きな口を開け、周りの海水もろとも小魚を一気に飲み込みます。

アンコウの、実物と見まごうばかりの疑似餌《ぎじえ》も見事ですが、決定的武器はなんといっても大きな口です。獲物の魚をしっかりと仕留められるのは、この大きな口があってのことです。その威力は時に海鳥をも飲み込んでしまうことがあるほどです。海底に身を潜めて獲物を狙うアンコウがなぜ海面近くで生活している海鳥を飲み込んだのか分かっていませんが、アンコウのお腹《なか》を切開したらウミガラスが出てきたこともあったというから驚きです。

アンコウには「釣りをする魚」という意味の英語名がついていますが、別名「ガチョウ魚」という名前もいただいているのは、海鳥をも飲み込むブラックホールのような大口の威力に因《ちな》んだ命名でしょうか。

昆虫のハナカマキリはおびき猟の名手です。このカマキリは不完全変態昆虫と呼ばれ、卵から孵化した1齢の幼虫のときにすでにカマキリの形をしています。といっても普通のカマキリとは大きな違いがあります。脚や胸部の背中に花びらに似た突起があって、植物の花に大変よく似ているのです。それでこのカマキリが花を装ってじっとしていると、本当の花と区別することは容易ではありません。

ある日本人研究者の最近の研究によると、ハナカマキリの幼虫は成虫と違って花ではなく、葉の上に陣取って獲物を狙います。獲物は成虫の場合はハチとチョウが大部分なのに対し、幼虫の獲物は圧倒的にハチでした。また狩りの成功率も成虫がおよそ60パーセントなのに対して、幼虫の狩り成功率は実に90パーセントと高率です。そして興味深いのは犠牲になる獲物は、もっぱらトウヨウミツバチであることです。

獲物捕獲の成功率が高いことにはわけがあります。このカマキリは成虫も幼虫も紫外線を反射しているのです。このカマキリの体色には「紫外色」という人間に見えない色が含まれているのです。「紫外色」は多くの花の色にも含まれているので、トウヨウミツバチには花との区別がつきにくいのでしょう。トウヨウミツバチが蜜を集める花と間違えて誘引されやすい形態をハナカマキリはしているのです。

ハナカマキリの幼虫の獲物捕獲率が高いのには、もうひとつ理由があります。幼虫が出す匂い物質です。ハナカマキリの幼虫は顎《あご》の周辺からある2つの匂い物質を出しますが、それがトウヨウミツバチの間では仲間を誘い寄せる匂い物質（フェロモン）だったのです。このフェロモンはハナカマキリ幼虫が近くまで接近したトウヨウミツバチを狙っているとき、カマキリ幼虫の頭部周辺で濃度が高まることも確かめられています。ハナカマキリ幼虫は花に姿かたちを似せてトウヨウミツバチを誘い、さらに念を押すかのようにフェロモンを放出してミツバチをおびき寄せているのです。

実際トウヨウミツバチはハナカマキリ幼虫に接近すると、肢《あし》を伸ばしてカマキリ幼虫の頭に着地しようとする行動が観察されています。トウヨウミツバチにとって、このカマキリ幼虫の罠《わな》はあらがいがたい地獄への誘いといえるでしょう。因みにハナカマキリの成虫からは、このフェロモンは確認されていません。

外国語を話すホタル

アメリカに棲息しているフォツリス・ベルシコロルという種名のホタルのメスは、驚くべきテクニックを使って獲物狩りをします。基本は前節のアンコウやハナカマキリと同じおびき寄せですが、しかしその技術と奇抜さにおいては、一枚上手《うわて》かもしれません。

このホタルは、ホタルによく見られる光の信号を使ってオスとメスが出会います。つまりオスがこの種のオス特有の発光パターンで発光しながら、棲息地の上を飛び回ります。オスはいわば地上にいるメスに向けて光言葉で語りかけながら飛び回っているのです。

一方、地上にいるメスは、同種のオスの光言葉を生得的に知っています。そしてオスの光言葉を感知すると、この種のメス特有の発光パターンで返答します。オスに光言葉を返すのです。このメスの返答の光言葉を受け取ったオスは、またオス特有のパターンの発光を繰り返します。オスはこうしてメスと光言葉を交わしながらメスに近づきます。そして最終的にメスに出会って交尾します。

メスが驚くべき行動を見せるのはこの後です。交尾したメスはもう、同種のオスの発光には返答しません。受精に必要な精子はすでに受け取っているので、同種のオスに反応しなくなるのは、メスによく見られるごく普通の行動です。

このベルシコロル種のメスが特異なところは、交尾後は同種のオスではなく他種のオスの光言葉に反応するようになることです。例えばこの他種をA種とすると、ベルシコロル種のメスはA種のオスがA種特有の発光パターンで発光しながら飛んでいるのを認めると、それに返答発光するのです。それも、でたらめなパターンの発光ではありません。なんと、A種のメスの発光パターンで応えるのです。

これはベルシコロル種のメスはA種のメスがA種のオスに対してどのような発光パターンで応えるかを知っていることを意味します。A種のメスに成りすまして応えるのです。喩《たと》えてみれば、ベルシコロル種のメスはA種という他国の言葉を理解できること、さらにその国のメスはそれにどう応えるかも知っていて、A種国のメスの言葉で応えるのです。

この成りすましメスの外国語がちゃんと通じることは、A種のオスがベルシコロル種のメスの返答発光に反応することから分かります。A種のオスは成りすましメスの発光に誘引されて飛んで近づき、そして着地して成りすましメスのところにやってくるからです。

こうしてついにベルシコロル種のメスとA種のオスが相まみえて、めでたく国際結婚が成立するかと思いきや、突如そこは惨劇の場と化します。なんと、ベルシコロル種のメスはA

種のオスを捕まえて食べてしまうのです。A種のオスにとってはこれは地獄以外の何物でもありません。抵抗するのもむなしく、A種のオスはベルシコロル種のメスの餌食になってしまいます。

他種のオスを自分の餌にするために他国のメスに成りすまし、その国のオスを色仕掛けでおびき寄せて食べる魔性のメス。このようなメスがいること自体が驚きですが、もっと驚くことは、ベルシコロル種のメスは母国語のほかに、A種の言葉も含めて4か国語もの外国語を話すことです。上空を飛びながら発光するオスがどの種かを割り出すことでさえ大きな驚きですが、そのうえにその種のメスがどのように応えるかも知っていることには驚きを隠せません。

ではこのような驚くべき成りすまし行動はいかにして進化したのでしょうか。残念ながら確かな答えはまだ得られていません。しかしこんな推測も提出されています。その推論では、この捕食種と犠牲になるグループの種が互いに系統分類学的に近縁であることに理由を求めます。つまりこれらのグループのホタルが共通の祖先種から分岐したのは比較的最近のことで、オスとメスの光点灯による交信方法が種間でまだ十分に分化していないからではないか、とする考えです。

こうして他種のオスを食べるベルシコロル種のメスは、その際に犠牲者のオスから有毒な防衛物質も摂取し、それを自分の防衛のために再利用します。まさに毒をも食べて自分のために役立てる徹底ぶりです。

恐るべき成りすまし屋

前節のホタルの場合、犠牲になる種は近縁のホタルであることから、両者にはオスとメスの交信に何らかの共通点があって、それがために他種を騙す道が開けたとするなら、それはそれであり得ることとして理解できるかもしれません。しかしこれが系統分類学的にほとんど何のつながりもない種と種の間の話だとすると、不思議を通り越して不可解というべき領域の話です。

でも、そのような動物が実際にいます。オーストラリアの乾燥した内陸部に棲息しているキリギリスの一種です。やや大きめのキリギリスで、体表には白と黄色の斑点が施されています。それでここではこのキリギリスをマダラキリギリスと呼ぶことにします。マダラキリギリスは昼も夜も、この乾燥地に散在する藪《やぶ》や丈の低い木々の上部を生活場所にしています。ここでマダラキリギリスはハエやバッタ、あるいはセミなどの昆虫を捕らえて食べています。マダラキリギリスは肉食性の昆虫です。

マダラキリギリスには、オスとメスの両方に発音器官があります。前翅《ぜんし》にあるヤスリとそれをこする擦り器です。マダラキリギリスは両者をこすり合わせて音を発します。ここではこの振動音を翅震歌《ししんか》と呼ぶことにします。

マダラキリギリスでは翅震歌を発するのはオスのみです。夜間、オスはこの発音器官を使って大きな翅震歌を発し、それによってメスを誘引します。これに対してメスの発音行動はまだ知られていません。メスは翅震歌を発しているオスに静かに近づき、そして交尾します。

マダラキリギリスの棲息地にはたくさんの種のセミが棲息しています。これらのセミはオスとメスが鳴器を使って鳴き声を発し、それを手掛かりにして出会い、そして交尾します。セミはマダラキリギリスと違って、鳴器という発音器官で音声を発します。それでここではセミが発する音声を鳴震歌《めいしんか》と呼ぶことにします。

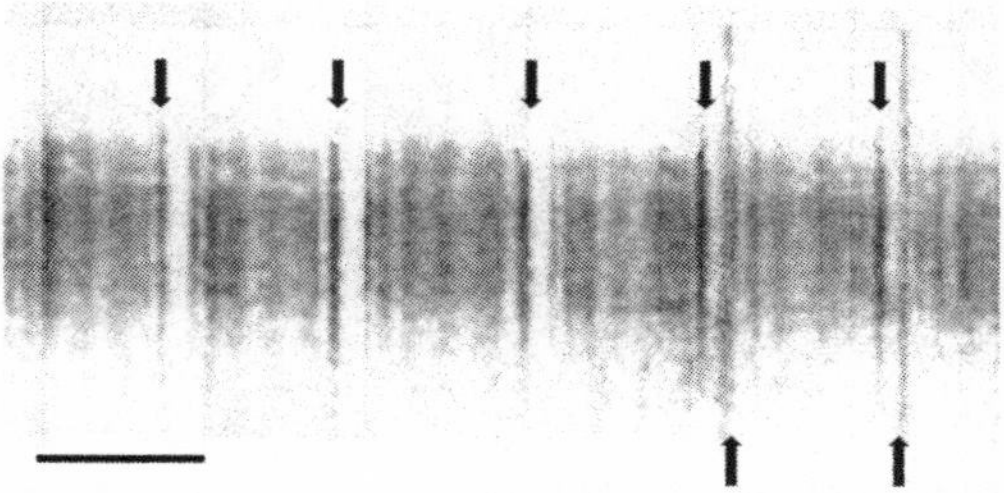

図１—１　セミのオスの鳴震歌（矢印以外の部分）と短震音（下向き矢印）および短震音に対するマダラキリギリスの応答クリック音（上向き矢印）。左下のバーは１秒を示す（Marshall and Hill, 2009を改変）

セミのオスとメスの出会いでも、オスが主導的な役割を演じます。オスは近隣にいると思われるメスに向かって、メスを呼び寄せるための鳴震歌を連続的に奏でます（図1―1）。この連続的な鳴震歌の途中で、オスは鳴震歌とは違う短い音声を発します。これはエキームまたはトリルと呼ばれる特有の音声です。ここではこの音声を短震音《たんしんおん》と呼ぶことにします（図1―1）。

短震音は近くのメスに重要な反応を引き起こします。すでにオスを受け入れる状態になっているメスは、この短震音に反応して翅《はね》でクリック音を発して応答するのです。メスのこの反応クリック音は極めてシンプルで、かつ持続時間はわずか1ミリ秒（0・001秒）の短音です。このクリック音は広範囲の周波数の音から成る、特にこれといった特徴がない音です。ただクリック音は音が大きくて、時に何メートルも遠くでも聞こえます。

問題はオスの鳴震歌の中の短震音の後、メスがどれくらいの間隔で反応クリック音を発するかです。反応クリック音は短震音発生後100ミリ秒（0・1秒）以内に発せられなければなりません。この時間的間隔が、オスがそれを発するのが同種のメスであることを知る手掛かりになっているからです。短震音の後、100ミリ秒以内に発せられたクリック音は、例えばそれが指を打ち付けて出したパチンという音であっても、オスの反応を引き起こすことができます。こうしてオスは発せられた音を聞くと、クリック音を手掛かりにしてメスを探し当てます。その後オスはなおも鳴震歌を発しながら、それにクリック音で応答するメスを目で探し当てて交尾します。

セミのオスとメスが生殖前に鳴き交わす音声のやり取りはデュエットと呼ばれています。このデュエット方式の音声のやり取りに乗じたのがマダラキリギリスです。マダラキリギリスはセミのメスの応答をまねてクリック音を発するのです。セミのオスの短震音を聞いたマダラキリギリスが、それにクリック音で反応するまでの所要時間は、平均58ミリ秒でした。これは制限時間１００ミリ秒の条件を十分に満たしています。

実際、実験条件下ですが、このセミのメスに成りすましたマダラキリギリスの騙し反応に対して、セミのオスが応答することが確かめられています。セミのオスは同種のメスのクリック音に対するのと同様に、メスへのラブコールを発しながらマダラキリギリスに近づいていったのです。そこでセミのメスに成りすましたキリギリスは、セミのオスが至近距離に近づくと、これを肢で捕まえて食べはじめます。観察によればマダラキリギリスはセミの前翅を残してすべて食べつくしました。それに要した時間は、わずか2〜3分でした。

もっと驚くべきことは、マダラキリギリスが模倣するセミの種数が大変多いことです。マダラキリギリスは2桁の種数のセミのメスに成りすまします。それだけではありません。マダラキリギリスはその進化史の中で、一度も遭遇したことがない種のセミのメスをも模倣することが明らかになっています。

ではこの信じがたいマダラキリギリスの捕食行動は、どのようにして進化したのでしょうか。前節のホタル同様、これについても確かなことは分かっていません。しかし研究者たちは、マダラキリギリスとその犠牲になるセミは、どちらもオスとメスが出会うときにデュエットで交信して出会うという共通のデュエット交信システムを有していることに謎を解くヒントがあると示唆しています。

デュエットは、音の質やメロディなどは問題でなく、受け応えのタイミングさえ満たせば交信が成り立つシンプルなシステムです。そのシンプルな特徴が多くのセミに共通していることが、マダラキリギリスが多くのセミのメスに成りすますことができる鍵ではないかと考えられています。もしそうなら、マダラキリギリスにしてみればセミのメスに成りすますことは案外、難しいことではなかったのかもしれません。

ダンス言葉で餌集め

アフリカのタンザニアにあるセレンゲティ公園などでは、ヌーなどのように何千、何万頭にも及ぶ巨大な個体数から成る動物の群れを見ることが珍しくありません。しかしこれに匹敵する数、あるいはそれ以上の数の個体が集結し、かつ何らかの社会的組織を持った動物は昆虫以外には見られません。いわゆる社会性昆虫と呼ばれる昆虫です。シロアリ、ハチ、アリなどがその代表的な例です。

これらの昆虫は社会的集団、つまりコロニーを形成して生活していますが、これだけ多くの個体から成るコロニーの台所を賄うには、餌を集める個体がバラバラに餌探しをしていたのでは間に合わないと考えられます。実際、これらの昆虫はどこかに格好の餌場を見つけると、そこへ仲間を集中的に動員して効率的に餌を集めます。そのために、これらの昆虫では仲間を餌場に動員するための仕組みが発達しています。その中でもよく知られているのは、ミツバチに見られるダンス言葉による動員方法です。

ミツバチは1匹の女王と数百匹のオス、それに2万〜5万匹ほどの働きバチから成るコロニーを形成して生活しています。働きバチは基本的にメスですが、コロニーの中では一切生殖はしません。その一生はただひたすらに女王バチのため、あるいはコロニーのために働き続ける献身の一生です。

1973年にノーベル医学生理学賞を受賞したオーストリアの動物行動学者カール・フォン・フリッシュ（1886〜1982）はミツバチがダンス言葉で花蜜を収穫する花場の位置を仲間に知らせ、他のハチをそこに動員することを見つけ出しました。それによると、ミツバチは誰も想像もしてい

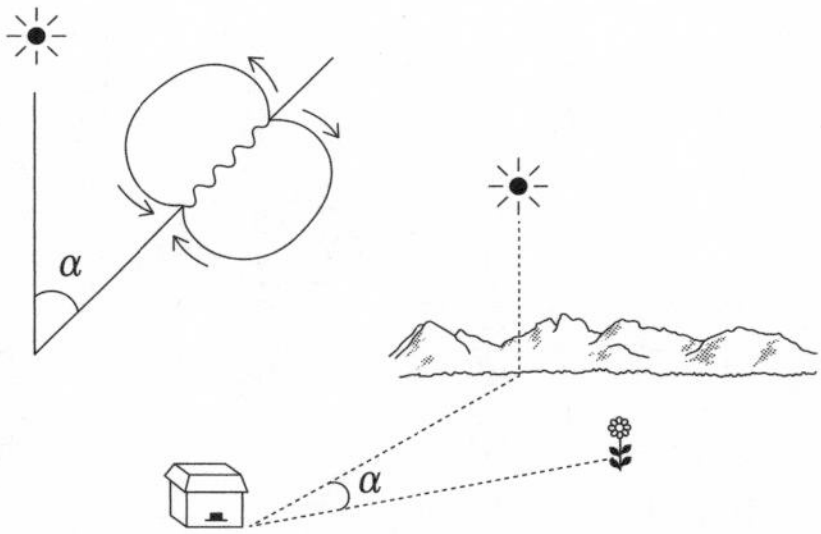

図1―2　ミツバチの尻振りダンス

なかった驚くべき方法で、コロニーの仲間に、たった今、自分が花蜜を集めてきた花場が巣から見てどちらの方向の、どれくらい遠くのところにあるかを知らせます。

もう少し詳しく見ると、花場から花蜜を集めてきた働きバチは巣に帰った後、垂直の巣板上で独特の行動を始めます。このハチ（ダンサー）はまず尻（腹部）を激しく左右に振りながら2〜3センチまっすぐ前に進みます（図1—2）。そしてそこで左右のどちらかに半円を描きながら後方に歩き、先ほど尻振り直線歩行を始めたスタート位置に戻ります。ダンサーはそこでまた尻を振りながら2〜3センチ直線的に前進し、今度は前回の半円ターンと反対の方向に半円ターンします。そしてダンサーは再び尻振り直進のスタート位置に戻ります。

ダンスはこれでワンセットです。ダンサーはこの踊りセットを何度も繰り返します。このダンスはダンサーがダンスの直線部分でお尻を左右に振るので「尻振りダンス」と呼ばれますが、ダンサーの足跡が数字の8の字に似ていることから「8の字ダンス」とも呼ばれます。

ではこのダンスのどこに花場を知らせる「言葉」が含まれているのでしょうか。まず花場のある方向ですが、それはダンスの直線部分の傾きによって示されます。ダンスは垂直の巣板の上で踊られますが、ここで反重力方向、つまり巣の真上方向は太陽の位置を意味します。例えばもしこの直線部分が真上から右にα度に傾いているなら、それは花場が実際の太陽の右α度の方向にあることを意味します。

一方花場が巣からどれくらい遠くにあるかは、ダンスの直線部の尻振り直進の活発さで示されます。つまり激しく尻を振って活発に直進すると、この部分の所要時間は短くなります。逆にゆっくり尻を振って歩くと時間が長くなります。この時間の長さと距離の間には一定の規則的関係があるので、尻振り直進の時間が分かればそれに対応する距離が分かります。

ダンサーが踊っている間、他の働きバチはこれに刺激されてダンサーの周りに集まります。そしてダンサーを取り囲みながらついて回ります。いわばダンサーの取り巻きバチになって、ダンサーの動きに合わせて歩き回ります。しかし取り巻きバチはダンサーの後について回るわけではありません。ただダンサーを取り囲みながらぞろぞろ動き回るだけで、ダンサーの足跡そのものをたどるわけではありません。

実は取り巻きバチはこのときに花場の方向と、そこまでの距離を何らかの方法で読み取ります。そして巣の外に出ると、太陽を羅針盤に花場に向かって飛び立ちます。ダンサーの取り巻きバチに目印をつけて追跡すると、そのハチはダンスが指示する場所の近くで発見されたという実験などから、この信じがたいダンス言葉は広く受け入れられています。

ここで不思議に思われることは、取り巻きバチはダンサーについて回っている間にダンスの直線部の所要時間を感じ取ったとしても、それを自分が花蜜を集めに出かけるときの飛翔距離にどのように反映させるかです。どれくらい強くどれくらいの時間を飛べば、教えられた花場に到着するかを、どのようにして知るのでしょうか。

もしダンサーがダンスの後、取り巻きバチを従えて花場に連れていくなら、取り巻きバチはダンスから感じ取った距離が、実際にはどれくらいの飛翔に相当するかが実感として分かるかもしれません。しかしダンサーによる花場への誘導はありません。フリッシュのダンス言葉の発見以来、多くの研究者がこれらの残された問題の解明に精力的に取り組んでいますが、解明はまだ先のようです。

いずれにせよ万単位の個体数から成るミツバチのコロニーでは、どこかに格好の花場を見つけた個体が積極的にその花場を仲間に知らせて動員することで、花が枯れないうちに手早く花蜜を集めることができます。蜂蜜が収穫される時期や場所によって、蜂蜜がレンゲやリンゴの香りがするのは、実はミツバチがそれらの花が咲いているときに総動員令をかけ、それらの花の蜜を集中的に集めたからにほかなりません。

因みにミツバチは花の花粉や水場の場所、あるいは新しい巣を作る候補スポットを仲間に知らせるときも、このダンス言葉を使います。

農業をする動物

同じく大所帯で生活している動物でも、ミツバチとは違う方法で食糧を確保している動物もいます。同じ昆虫のシロアリです。シロアリはその名前のためによく誤解される動物のひとつです。この名前から想像する動物は、どう考えても白いアリです。しかし実際はアリとは相当に縁遠い昆虫で、実はなんと、あのゴキブリに近い昆虫です。ゴキブリ目《もく》の中のシロアリ科の昆虫。これがシロアリの本籍です。

しかし大きなコロニーを作って生活しているところはアリに似ています。シロアリのコロニーはアリ塚といわれる住《す》み処《か》の中で社会生活をしていますが、ここにアリが棲《す》んでいるわけではありません。またアリが造った住み処でもありません。シロアリがみんなで土や自分の排泄物で造ったシロアリ自身のための住み処です。

シロアリのコロニーは莫大《ばくだい》な数の個体が集結して成り立っています。コロニーで生活しているシロアリの数は、種によって違いますが、数百から数百万に及びます。コロニーのメンバーは女王とオスのほか、ハタラキシロアリと呼ばれる労働個体と兵シロアリと呼ばれる労働個体です。これらの労働個体にはオスとメスの両方がいます。女王とオスはもっぱらコロニーの繁殖の仕事に携わっていますが、労働個体は自ら生殖することはしないで、ひたすらコロニー内の仕事に従事しています。

ヤマトシロアリやイエシロアリは家屋の木材を食い荒らして被害を与える害虫ですが、ここで紹介するシロアリはキノコシロアリと呼ばれるキノコを栽培し、それを食べて生活しているシロアリです。日本ではキノコを栽培するシロアリは沖縄県の八重山《やえやま》諸島に棲息しているタイワンシロアリなどが知られています。この種は食料にした植物からキノコを作る培養土を作り、そこでキノコを育てます。このためタイワンシロアリは地下に巣穴を掘り、それをキノコ培養室として使います。

キノコの栽培は、まず巣の外から朽ちた植物を集めてくることから始まります。シロアリはそれを食べた後、その排泄物を培養室の中に積み上げます。するとそれに含まれていた共生菌が排泄物を栄養源にして生長し、キノコが育ちます。シロアリはこうして生長したキノコを食べます。

食べた後に出す排泄物は捨てられることなく再利用されます。シロアリは排泄物をキノコの上に積み上げるのです。積み上がった排泄物は、再びキノコの生長に利用されます。シロアリはこれを繰り返してキノコを持続的に栽培しているのです。このやり方はつい近年はやり出した持続可能な生き方を思い浮かべてしまいますが、莫大な数で生活しているシロアリがこのような方法で安定して生き続けているのを見ると、感心し、うらやましくもなります。

ハキリアリのキノコ栽培

一方ほんもののアリにもキノコを栽培するアリがいます。ハキリアリです。ハキリアリはメキシコやニカラグアなど、中南米に棲息しています。ハキリアリの大きさは種によって３～20ミリメートルの幅で違いがあります。ハキリアリは女王アリを中心に、大きさの異なる兵アリ、同じく様々な大きさの働きアリなどから成るコロニーを造って生活しています。コロニーのメンバー数は大変多く、４００万あるいは５００万にも達することがあります。それゆえコロニーのメンバーの胃袋を満たすことは容易でないと思われます。

そこでハキリアリが編み出した方法は、シロアリと同じキノコ栽培です。ただしその栽培方法はシロアリのキノコ栽培と若干違います。まずハキリアリの働きアリが近隣の木などに大挙してやってきて、大顎を使ってその葉を切り取ります。時にハキリアリは農作物の葉をも失敬するので、地元の人にとっては厄介な害虫になることもあります。ハキリアリの名はこの「葉切り」に因んでつけられた名前です。

ハキリアリの働きアリはこうして切り取った葉を大顎にくわえて、次から次へと行列をなして木の幹を降ります。それはまるで小さな木の葉が木の幹の上を流れ落ちるように見えます。地面に降りて巣に向かう様は、まるで木の葉が巣に向かって流れていくようです。その流れの両側には、切り取った葉を運ぶ働きアリを外敵から守る兵アリが、強力な大顎の武器を振りかざして、用心深く周囲に警戒の目を向けます。

では巣に運び込まれた葉はその後どうなるのでしょうか。その昔、これらの葉片は巣への浸水を防ぐ防水シートとして使われるのでは、と推測されたこともあります。葉はアリの食物ではないかと考えられたこともあります。いや、葉を発酵させ、その発酵熱で暖をとっているのだろう、と考えた人もいます。しかしこれらはいずれも正解ではありません。

実はハキリアリは持ち運んだ葉片でキノコを栽培するための菌床《きんしょう》を作ります。巣の中にはそのための部屋がたくさん用意されています。巣を作ってから3年ほど経過したハキリアリのコロニーでは、１０００～２０００に及ぶ全部屋のうち、２５０～４００部屋がキノコ栽培に充てられます。

このキノコ栽培部屋で働きアリは運び込んだ葉片を舐《な》め回しながら、それをさらに１～２ミリメートル程度の大きさに切り刻んで小片にし、その周囲をよくかみ砕きます。これで葉の小片は湿り気を帯びて柔らかくなりますが、こうしている間にも働きアリはお尻から透明の液体を出し、それを葉の小片の表面に塗り付けます。この液体にはアミノ酸や窒素化合物が含まれていて、菌（キノコ）の生長のための肥料になります。ハキリアリは菌を栽培するための肥料を施した菌床を作るのです。

次はいよいよ菌の植え付けです。働きアリは菌が繁茂しているところから菌の一部を大顎で掻《か》き取り、それを新しく作った菌床の上に載せます。働きアリは1個の葉小片の菌床に最大で大顎10杯分の菌を植え付けます。この作業は5分程度で完了します。植え付けられた菌はその後菌糸を伸ばしますが、菌糸は1日で菌床の葉小片を覆いつくすほど生長します。そしてそれぞれの菌糸の先端はラグビーボール状に膨張します。これは放っておけばやがて胞子を作る子実体《しじったい》、すなわちキノコになりますが、ハキリアリはキノコになる前にこの膨張部を食糧にして食べます。

ハキリアリはこのキノコ以外のものは食べません。それゆえキノコ栽培はコロニーの命運を決めます。キノコが他の雑菌に侵されたりすれば一大事です。実際、実験的にコロニーからハキリアリをすべて取り去ると、菌床に多くの他の菌がはびこってしまいました。ハキリアリは命綱のキノコがそうならないように、菌床に雑菌を見つけると大顎でそれを抜き取ります。田んぼの雑草取りと同じことをしているのです。その周到な農作業ぶりには頭が下がるような思いです。

ではコロニーのキノコは元はどこからきたのでしょうか。その元をたどると女王アリに行き着きます。女王になる前のメスの生殖アリ、すなわち王女アリは成長して翅を持ったいわゆる羽アリになります。その翅を使って王女アリは結婚飛行に飛び立ちますが、その前に王女アリは下顎のところにある小さな窪み（口下嚢《こうかのう》）の中にコロニーの菌糸を詰め込みます。そしてそのまま結婚飛行に飛び立ち、空中で3～8回交尾し、2億～3億の精子を受け取ります。

交尾して今や女王アリとなったメスは、結婚飛行から帰ると翅を落とし、翅のない本来のアリの姿になります。そしてひとりで地面に深さ20〜30センチの穴を掘り、その先に直径6センチほどの小部屋を作ります。女王アリはその小部屋に口下囊に入れて運んできた菌糸を吐き出します。そしてその後、働きアリと同様の方法でこの菌糸に肥料を施し、栽培します。

その一方で女王アリは少しずつ卵を産みはじめます。やがてその卵から幼虫が孵化すると、女王アリは卵を産み、それを幼虫に与えて食べさせます。こうして育てられた幼虫はやがて成長して働きアリになり、葉を切り取ってきて菌床を作り、キノコ栽培をするようになります。コロニーがここまで成長すると、女王アリは子育てや家事をやめ、産卵に専念する本来の女王になります。ここからコロニーは少しずつ成長し、2〜3年もすると個体数100万〜250万のコロニーに成長するのです。

莫大な数の個体から成るアリなどの社会では、このような「農業」なしではコロニーの台所を賄うことは難しいと思われます。そんな高等農業を実践しているハキリアリが30種以上も生存しているのもまた驚きです。

第2章　餌取り行動の収支決算

動物は餌を取得するに当たって、餌を得るために費やしたエネルギー（C）が餌から取得したエネルギー（B）を超える（B－C＜0）ような餌採りをしてはいけません。つまり餌取り行動によってエネルギーの収支がマイナスになってはならないのです。ある種の動物はこの課題に巧みに対応しています。また道具を使ったり餌を貯蔵したりすることで、より安定して餌を確保している動物もいます。そんな賢い動物の採餌行動とは何でしょうか？

動物の行動の新しい追究道具

あるツバメが今、杉林の上空で餌の昆虫を探すとします。ツバメはここで30分間、餌の捕獲行動を行った結果100キロカロリーのエネルギーを費やしたとします。そしてこの間に捕獲した餌動物から80キロカロリーのエネルギーを得たとします。

もしこのツバメの採餌行動のエネルギー収支がこのような結果であれば、ツバメはこの30分間に20キロカロリーのエネルギーの損失を被ったことになります。ツバメがもしこのように行動のエネルギー収支が負になる採餌行動を続けるなら、短期的には何とか持ちこたえても長期的には身が持たないことは明らかです。ツバメは餌を捕るたびに栄養不足になり、体重を減らし、早晩命を落としてしまうに違いありません。

このような観点から動物の行動を見ると、動物の行動の問題点や研究課題が見えてきます。そこでこの観点からさらに一歩踏み込んでみましょう。まず動物が餌を捕るために費やしたエネルギーや時間を採餌行動のコスト（C）とします。またその採餌行動から得られたエネルギーあるいは栄養を利得（B）とします。すると動物がクリアしなければならない条件がはっきりします。動物は餌を採るときに最低限B＞C（B－C＞0）を満たすことが求められます。これは書き換えるとB／C（＝B÷C）＞1になりますが、動物がより確かに生きていくためには、このB／C値をできるだけ大きくすることが望ましいことが分かります。

自然淘汰《とうた》は動物に、B／C値が最大になるような採餌行動を求めていると考えられます。そのためには、動物は何をどうすればいいかを研究者は考えることができます。例えば動物がある餌を採る場合、その餌はどこで探すのがいいか、1日のいつ探すのがいいか、あるいはどれだけ長く探すのがいいかなど、採餌行動のいろいろな要素に注目して最適な行動は何かを追求できます。そしてそれから導かれた望ましい採餌行動を作業仮説にして動物の行動を観察したり、実験で確かめることもできます。

この研究方法をとることによって動物行動学は動物の行動を定量的に扱うことができるようになりました。それ以前の動物行動学は、動物の行動を定量的に扱う術《すべ》がなかったため、行動を科学的に扱うことに困難を感じていました。行動は他の生物形質と違って、それが実行された後すぐに消滅します。そもそも行動は一般的に時間とともに一過性的に変化する形質なので、こうなるのは当然ですが、しかしこれが動物の行動を科学的テーブルに載せるうえで乗り越えがたい障害になっていました。

また行動は他の形質に比べて極めて多くの要因がかかわる形質であるため、それらの要因の何に注目したらいいのかとらえどころがありません。仮にある要因に狙いを定めることができたとしても、その他の要因をすべて一定状態に制御することは実質的にできません。しかし、これができなければ行動の科学的研究はできません。とにかく行動というものは科学的研究をするのが大変困難な研究分野なのです。

その点、行動を構築する内部の生理的仕組みは一応さておき、行動を実践したときのコストとその結果得られた利得に注目し、行動を定量的に測定する研究方法は、動物行動学では画期的で、行動学はこれを契機に大きく発展しました。特に採餌行動では行動の利得とコストが測定可能なことがあるので、この研究方法は多くの採餌行動の研究を促進しました。次にこのような観点から追究した採餌行動の研究例を紹介します。

どこでどのように採餌するか

餌をどこでどのように探すかは、採餌行動のB／Cの値に大きな影響を与えます。もちろん餌がたくさんあるところ、あるいは餌密度の高いところが目指すべき餌場です。肉食動物にとって被食者が集まるところは日や時刻によって変化しますが、草食動物の場合は餌場は急激に変化することはありません。しかしそのような餌場であっても、食いつくして枯渇する危険はあります。

ヨーロッパに棲息しているコクガンという鳥はこの点、大変興味深い採餌行動を実践しています。このガンはヨーロッパ沿岸で越冬したのち、春になると北に向かって移動し、高緯度地方で繁殖します。その移動と繁殖を前に、コクガンはオランダなどの沿岸の湿地で、そこに自生しているハマオコベをはみとって食べ、栄養の蓄積を行います。

調査によるとコクガンは毎日湿地の餌場に集団でやってきてハマオコベを食べます。よく観察すると、コクガンはハマオコベを根こそぎ食べるのではなく中下部の古い部分は残し、上部の3分の1くらいの若い葉をはみとって食べます。研究によるとハマオコベの上部にはタンパク質などの栄養素がより豊富にあります。その点、コクガンはその上部を選択的に食べることによってより大きな利得を得ていることになります。

さらに調べてみると、コクガンは毎日餌場を変えて採餌していることが明らかになりました。ある特定の餌場についてみると、その餌場を再び訪れて採餌するのは4日後であること、つまりコクガンは4日ごとに同じ餌場で採餌していたことが分かったのです。

そこで研究者はコクガンが4日に1度の頻度で同じ餌場を訪れて、ハマオコベの上部3分の1をはみとる採餌行動に、何か生態学的な意味があるかどうかに関心を持ち、ある簡単な実験をしました。ハマオコベの上部3分の1をいろいろな日数間隔で刈り取ってみたのです。

すると驚いたことに、ハマオコベはコクガンのはみとり周期と同じ4日に1度で刈り取ったときに再生速度が最も大きいことが明らかになったのです。これはコクガンは上部3分の1をはみとって食べることによって、栄養素が豊富な部分を選択的に摂取していただけでなく、4日に1度の頻度で同一の餌場を利用することで、最も効率的な餌の再生産を実現していたことを意味します。

肉食動物は獲物がいそうな場所を探り当てたとしても、そこで直ちに獲物を手にすることができるわけではなく、それを探して見つけなければなりません。そこで問われるのは、獲物をどのように探すかです。むやみやたらに探し回っても、獲物は手に入らないばかりか、探し回るコストが大きくなって採餌行動の採算が取れなくなってしまう危険があります。

ナナホシテントウムシはモモアカアブラムシなどのアブラムシを好んで食べます。被食者のアブラムシは一般的にバラバラに離散して生活しているのではなく、特定の植物などに集中して生活しています。ある実験的研究によると、このテントウムシのアブラムシ探しは2つの異なる行動から成っていることが示されました。そのひとつは、アブラムシがいる場所を探し当てるための探索行動です。このときの探索行動でテントウムシが歩いた足跡を追跡すると、その足跡は比較的直線的であることが分かりました。これは広い領域の中から集中的に分布しているアブラムシのいる場所を探し出すうえで効果的な探索行動であるとされます。

ナナホシテントウムシの探索行動は、いったんアブラムシを捕食した後がらりと変わります。テントウムシは次のアブラムシを求めて探し回りますが、今度は直線的に歩き回るのではなく、探索行動は先ほど捕食したアブラムシがいた近辺に集中します。その近辺を小まめに探し回るのです。これはアブラムシが集中的に分布していることを考えると、理にかなった探索行動といえるでしょう。

しかしテントウムシはその場所でアブラムシが見つかりにくくなると、探索行動は次第に再び直線的になります。つまりより広い範囲を探し回るようになり、ついには探索場所を変えることになります。ただし狭い区域を丹念に探す探索行動から、広い領域を広く探索する探索行動への切り替えは、捕食したアブラムシの大きさに影響されます。実験的に大きなアブラムシを用意して捕食させたところ、テントウムシはあたかもそこがアブラムシが豊富にいる場所であるとみなしたかのように、より長時間にわたってその場所を探索します。

ただしこれだけでは終わりません。同じ大きなアブラムシを食べたとしても、その前に食べたアブラムシの大きさが問題になります。大きさの異なる大小のアブラムシを用意しておいて、それを「小→大」の順番で捕食した場合と「大→小」の順番で与えた場合で、テントウムシの行動が異なるのです。この「小→大」と「大→小」の実験で用いられた大小のアブラムシの総量は、両者間で同じに統一しています。

この実験条件から分かる通り、テントウムシが食べたアブラムシの総量はどちらの条件でも等しいにもかかわらず、テントウムシの行動は違いました。テントウムシは「大→小」の順番でアブラムシを食べたときよりも「小→大」の順番で食べたときに、その餌場に長くとどまったのです。このテントウムシの行動は、「あとに食べたアブラムシの方が大きい場合、テントウムシはその餌場にはまだアブラムシがいると判断した」とする考えに符合します。

これと同様の行動はクロハナカメムシやイエバエ、ショウジョウバエでも知られています。ショウジョウバエは甘い蔗糖液《しょとうえき》を見つけて吸い取ると、やはりその近辺を集中的に探します。どれくらいその場所に執着するかは遺伝的に決まっているようです。シッターと呼ばれる「居座り」系統のショウジョウバエはおよそ160秒の間その場に執着して探しますが、「流浪者」という意味のローバという系統のショウジョウバエは、同じ条件下でわずか10秒しか探しません。

何気ない動物の行動も、B／C値の観点から分析すると、動物たちの思わぬ「意図」が見えてくることがあります。

どれを採るか

動物が採る餌は、同じ餌でも質や量などに違いがあるのが普通です。例えば地中海に棲息しているある種のワタリガニはムラサキイガイなどをよく食べますが、同じイガイでもカニが餌場で目にするイガイは大きさや堅さなどに違いがあります。このうちどれを採るかによってB／C値の大きさに差異が生じることがあり得ます。一般的に大きな貝は肉量が多いの

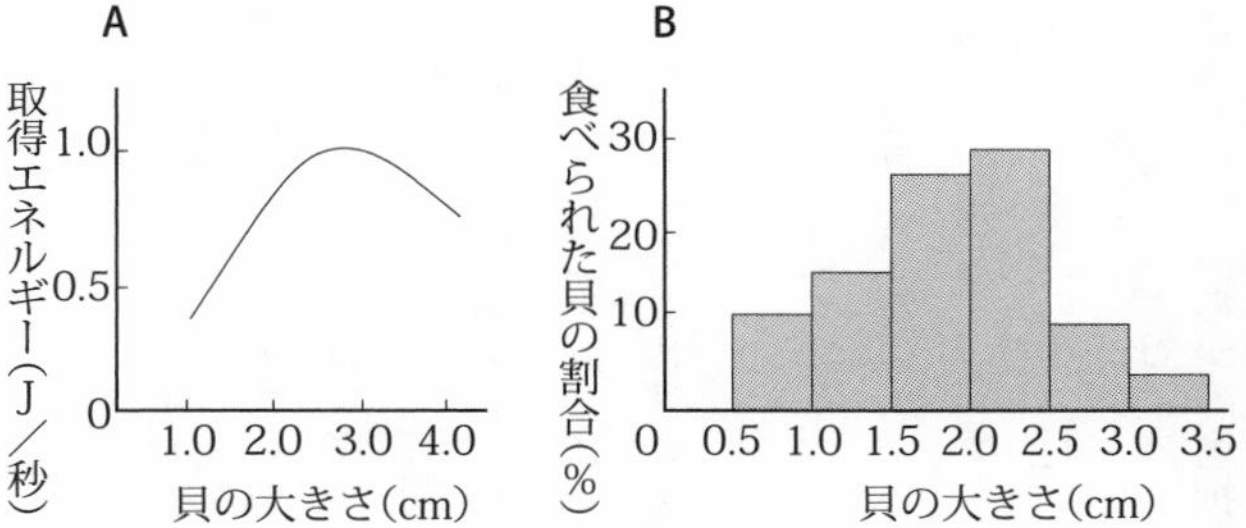

図2—1　ワタリガニのムラサキイガイ捕食（Elner & Hughes, 1978 を改変）

で、カニは大きいイガイを採るのがB／C値の観点からいい選択と考えられます。

しかし一方で大きな貝は確かに肉量は多いけれども、その貝をこじ開けて肉を取り出すにはより大きな労力やより長い時間を強いられるかもしれません。もしそのコストがあまりにも大きなエネルギーを要するなら、カニは肉量は少ないけれどももっと簡単にこじ開けられる少し小さい貝を採る方がいいかもしれません。

そこである研究者は貝を1センチ以下から3センチ以上まで、大きさに基づいて6階級に分け、それぞれの階級の貝がどれくらいの肉量を内蔵しているか、またそれぞれの階級の貝をこじ開けるのにどれくらいのエネルギーがかかるかを実験して測定しました（図2—1）。ただしここではこじ開けるのに要するエネルギーは、こじ開けるのに要した時間で代用しました。これはこじ開けのエネルギーコストは、こじ開けに要する時間と相関していると仮定してのことです。

こうして得られたエネルギーをそれを取り出すまでにかかった時間で割って(貝から得られる肉量÷貝をこじ開けるのに要した時間)、一定時間当たりに獲得するエネルギー量を算出しました。すると小さい貝はこじ開けに要する時間、つまりエネルギーコストは小さいけれども、得られるエネルギーも小さいので、時間当たりのエネルギー取得量は小さめでした。「取得エネルギー÷時間」の値は貝の大きさが大きくなるにつれて大きくなり、貝の大きさが2・5〜3・0センチの階級で最大になりました(図2―1A)。しかしその値は貝がさらに大きくなると減少に転じました。3・0センチ以上の大きな貝は、肉量は確かに多いのですがそれを取り出すために要する時間が長くかかるため、エネルギー取得効率が低下するのです。

この実測結果に基づけば、ワタリガニはエネルギー取得効率が一番高い2・5〜3・0センチの貝を採るのがいい選択であるとの推測が成り立ちます。そこで実験です。ワタリガニはこの推測通り、エネルギー取得効率がいい貝を捕食するかどうかを実験で確かめるのです。

実験は水槽の中で行いました。水槽の中に大きさの違うイガイをランダムに置き、そこにワタリガニを入れて、カニがイガイをランダムに選択して食べるか、それともイガイの大きさについて何らかの選択をするかどうか、選択するとすればどの大きさの貝を選択するかを調べました。その結果は図2―1Bに示した通り、カニは決してランダムにイガイを捕食しているのではないことが分かりました。

カニが手の届く範囲にある効率の高いイガイを選択的に捕食すると、当然の結果としてそのような好ましいイガイは身近になくなります。そのためカニはもし最善のイガイを捕食しようとするなら、少し場所を移動しなければなりません。するとその移動のコストや時間が問題になります。そのコストが無視できないほど大きいなら、B／C値の観点から見ると、カニは移動しなくても採れる身近にある次善のイガイを採った方が採餌効率が高くなるかもしれません。

このような場合、最善と次善のイガイのどちらを選ぶかは、次善のイガイまでの距離などによって影響を受けるはずです。図2―1Bが示している通り、カニが2・5～3・0センチの最善のサイズだけでなく、それよりも小さい2・0～2・5センチの次善のイガイを多く捕食しているのは、このような事情を反映しているのではないかと考えられます。

ワタリガニのイガイの捕食行動は、餌を選択するときに採餌効率の異なる餌のうちどれを採るべきかは、それらの餌がどのような頻度（密度）で存在するかなどいくつかの条件によって影響されることを示唆しています。

そこでこの問題をシジュウカラで実験的に追究した人がいます。この実験ではシジュウカラは特別にしつらえた木箱の中に入っています。木箱の下部には小さなのぞき窓があります。そののぞき窓のすぐ前にはベルトコンベアが取り付けてあります。実験者はこのベルトコンベアにいろいろな大きさの餌をいろいろな量で配置し、それをベルトコンベアで運びます。シジュウカラはこのようにして運ばれてきた餌を、のぞき窓から見てつついて食べます。

この実験では、シジュウカラの餌としてミールワームという昆虫の幼虫を用いました。この昆虫はチャイロコメノゴミムシダマシという貯穀害虫のひとつです。名前は「米につく茶色い色をしたゴミムシのようであって実はそうではない」という、なんとも遊び心が豊かな名前をもらった甲虫です。

実験ではこのミールワームを切って大きさの異なる餌を用意します。そしてそれらの餌をいろいろな割合でベルトコンベアに乗せ、シジュウカラの目の前を通過させます。シジュウカラはそれを見てその中のどれかを自由に選択して食べることができます。実験者は、例えば最善の餌を十分量提示した場合、あるいは最善の餌を少なくして次善の餌を多くした場合など、大きさの違う餌の量や割合を変えることでシジュウカラの餌選択を調べることができます。

こうして得られた実験結果は、示唆に富んでいました。まず十分量の最善の餌と次善の餌を混ぜてシジュウカラに提示した場合、シジュウカラはもっぱら大きな最善の餌だけをついばみました。このときは次善の餌が十分量あっても、シジュウカラはそれを無視して採りませんでした。そこで最善の餌を徐々に少なくしていきます。しかしシジュウカラの餌選択は変わりません。相変わらず最善の餌だけを採って食べました。

ところが最善の餌量がある一定値を切ると、シジュウカラは突然次善の餌にも手を出すようになりました。これはワタリガニの捕食行動で示唆されていたことですが、そのことが実験的にも確かめられたことになります。またそれは、動物がこのような選択を迫られたとき、どちらを選択すべきかを追究した数学的理論式の予測とも大すじで合致していました。このようなことが分かってくると、動物をかくも賢く振る舞わせている本能の底知れない知恵を思わざるを得ません。

餌場の放棄時間

餌場の探索に動物は時間と労力を費やします。そうして苦労して見つけた餌場であれば、動物はそこで十分時間をかけて採餌するのがいいでしょう。しかしそこでいつまでも採餌をしているのが必ずしもいいとは限りません。なぜなら同じ餌場で餌探しをするほど、その餌場の価値が低下するからです。

例えば今シジュウカラがある木に飛んできて餌の虫を探して食べるとします。この樹種でその大きさの木には、シジュウカラのお気に入りの虫が平均20匹いるとします。そこにやってきたシジュウカラは、虫探しを始めた時点では虫密度20匹の餌場で虫を探すことになります。探索を始めたシジュウカラは、幸い5分後に虫を1匹見つけて食べたとします。そこでシジュウカラはさらに次の虫を探し、その10分後に2匹目の虫を見つけて食べることができたとします。シジュウカラはさらに虫探索を続けます。その結果3匹、4匹と虫を見つけていったとします。

ここで問題になるのは、シジュウカラが虫を捕食するにつれて虫密度が徐々に低くなっていくことです。はじめ虫密度は木当たり20匹であったのが、1匹、2匹、3匹と虫を捕食するにつれて、虫密度は19、18、17、……と減少していきます。この木の餌場としての価値が低くなるのです。

その当然の結果としてシジュウカラが虫を発見するのに要する時間は長くなります。虫を10匹捕食した後には、11匹目の虫を見つけるまでに要する時間は20分にも30分にもなってしまうかもしれません。つまり虫の捕食が進むにつれて、シジュウカラの虫捕食の効率、あるいは虫捕食のB／C値はどんどん低下していくことになります。

こういう場合、シジュウカラはなおもその木にとどまって虫探しを続けるのがいいのでしょうか。それとも別のやり方で対応するのがいいのでしょうか。例えば次の虫が見つかるまでの時間が20分を超えたら、その餌場を放棄して別の餌場に移動し、新たにそこで虫探しを始めるのがいいのでしょうか。

その判断には現在の餌場と同等の餌場があるかどうか、またあるとすればどれくらいの距離のところにあるかなどが問題になります。もし同等の餌場がすぐ近くにあって、そこまでの移動に2、3分しかかからないとすれば、シジュウカラは場所を変えた方がいいでしょう。これくらいの移動時間で平均虫密度が「20匹／木」の餌場に行き着くことができるのなら、シジュウカラは現在の餌場をあきらめ、早々に移動すべきでしょう。そしてより高い虫密度の餌場でより効率的な採餌を再開するのがいいでしょう。

このような問題意識から、採餌中の動物がいつその餌場を放棄するかについての研究が行われてきました。マルハナバチの花蜜採取についての研究もそのひとつです。マルハナバチは大きくて見かけは結構迫力のあるハチで怖そうに見えますが、いたずらに人に襲いかかってくることはありません。こちらが手を出さない限り、我々の目の前でも花から花へ飛び回りながら、せっせと花蜜集めに集中します。

このマルハナバチは花に降り立つと口吻《こうふん》を花の奥に差し込み、そこにある花蜜を吸い取ります。それが終わるとマルハナバチは次の花へと急ぎ、またそこで花蜜を吸い取って集めます。そこで実施したのは、マルハナバチはひとつの花に降り立った後、そこにどれくらいの時間とどまって花蜜を吸い取るかを測定すること、換言すればその花をいつ放棄するかを測定することです。

このため研究者は、花が蓄えている花蜜の量を測ると同時に、マルハナバチの吸蜜時間とマルハナバチが去った後の花蜜の残量などを知る必要があります。この目的に合った花として選ばれたのはデルフィニウムです。デルフィニウムは茎の周りにいくつもの花をつけますが、このうち下方の花は雌花で、これが花蜜を分泌します。一方上の方の花は雄花で花粉を作ります。また花は下の雌花から咲いていきます。

マルハナバチはこの花の特徴に合わせて、花蜜がある確率が高い下の花から蜜集めを始めます。そして順に上の方に移動し、雌花が途切れて雄花になると、そのデルフィニウムを見限って別のデルフィニウムに移動します。これは花蜜集めのB／C値を大きくする適応的な蜜探しといえます。

調査の結果、デルフィニウムの花1個に含まれる花蜜は約6マイクロリットル（100万分の1リットル）でした。ところがこの花蜜量に対するマルハナバチの行動は意外なものでした。マルハナバチが吸い取る花蜜量は平均わずか1・24マイクロリットルだったのです。マルハナバチは花が蓄えている花蜜の5分の1ほどしか吸い取らないのに、その花を見捨て別の花に移動してしまうのです。これは一見ひどく不合理で、非効率的な花蜜集めに見えます。

しかしそうではありません。マルハナバチの早々の花の見限りにはわけがあったのです。図2—2を見てください。これはマルハナバチが花蜜集めの行動で、花蜜を蓄えた花を探し出すまでに費やした時間、花から蜜を吸い取るのに要した時間、および吸蜜の速度などについてのグラフです。ここでは蜜集めのコストは花に到達するまでに要した時間（Ts_1、Ts_2）と吸蜜に要した時間（t_1、t_2）とし、横軸にとっています。またマルハナバチが花から吸い取る花蜜量は縦軸にとっています。吸蜜量が吸蜜時間の経過とともにどのように変化するかは、図中の右上がりの曲線で示されています。横軸と縦軸の交点は、吸蜜開始時点を示しています。

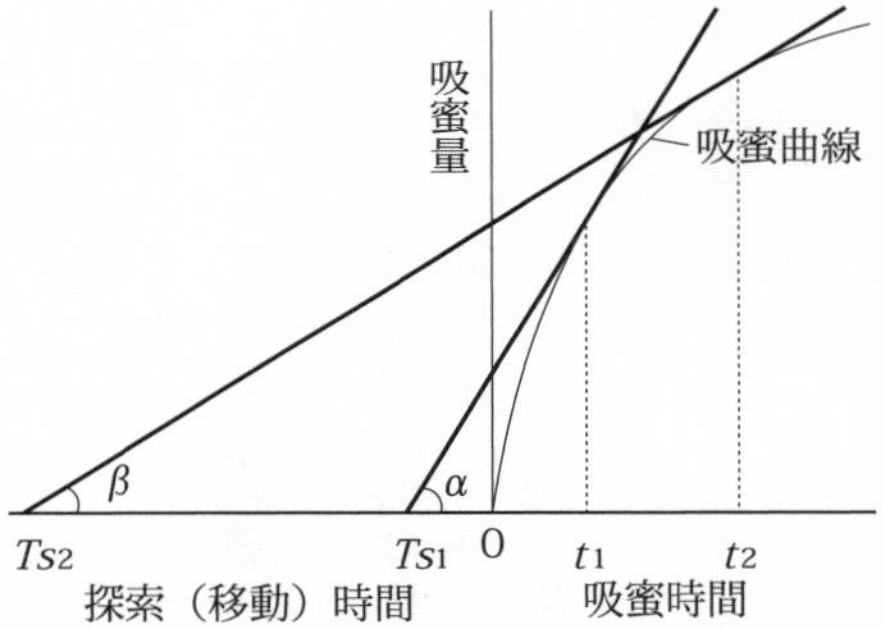

図2—2　マルハナバチの花蜜集め（Hodges & Wolf, 1981を改変）

さて、今ここで紹介したマルハナバチの行動、すなわち大量の花蜜を残したまま早々に別の花に移動する行動は、実は多数のデルフィニウムが生い茂っている花場における花蜜集め行動でした。したがって花から花への移動にはごく短時間しかかかりません。図では

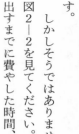

この短い時間をTs_1にとっています。つまりマルハナバチはこの花に到達するのにTs_1秒かかり、そして吸蜜を始めたことになります。その時間当たりの吸蜜量は図の曲線に見る通り、吸蜜開始直後は急速に増加します。しかしその増加は間もなく鈍化し、そして頭打ちになります。これは花が花蜜を多量に蓄えているうちは吸蜜が効率的に進行すること、しかし吸蜜が進んで残蜜量が少なくなると吸蜜量の増加は徐々に頭打ちになることを反映しています。

では吸蜜量が吸蜜時間の経過に伴ってこのように減少していくとき、マルハナバチはいつこの花を見切るのがいいでしょうか。その答えはTs_1から吸蜜曲線に引いた接線の接点から降ろした垂線が横軸と交わる点、すなわちt_1です。このとき、吸蜜のコスト（C＝Ts_1＋t_1）に対する利得（B＝吸蜜量）、すなわちB／C（角度α）が最大になるからです。これはマルハナバチがデルフィニウムが豊富な餌場で、時間当たりの吸蜜量が最大になるように1個1個の花の見切り時間を決めていたことを示しています。

もしこの解釈が正しいなら、デルフィニウムがまばらで、デルフィニウムからデルフィニウムへの移動に時間がかかる場合、マルハナバチの花を見切る時間はこれとは違うものになることが推測されます。そこで研究者はそのような場所を選んで検証実験と観察を行いました。その結果、図2―2のTs_2とt_2に示されている通り、花の探索により長い時間（Ts_2）を費やしたマルハナバチはより長い時間（t_2）、同じ花にとどまり、1個の花当たりの吸蜜量を増やすことが確かめられました。ここでもマルハナバチは時間当たりの吸蜜量（B／C＝角度β）が最大になるような合理的な花蜜集めを実践しているのです。

このような合理的で適応的な行動を、マルハナバチはいかにして獲得したのでしょうか。ここではそれは本能である、ということにしておきます。いずれにせよ、餌の多少に合わせて行動を変え、最大の利得を獲得するマルハナバチの行動に、改めて自然の奥深い知恵を思い知らされます。

賢い餌の処理

動物が利用する餌には、固い殻に覆われたナッツなど、簡単には中身が取り出せない餌もあります。あるいはライオンのヌーやアフリカスイギュウ狩りのように、獲物にとびかかって噛《か》みついたものの、脚や背中などに噛みついた場合は、獲物の反撃を受け、獲物との格闘を強いられます。その場合ライオンは、獲物を食べるどころか獲物を仕留めるために大変な労力を使います。反撃を受けて負傷することもあります。それは獲物狩りのB／C値を減少させる原因にもなります。

このように手中に収めた餌であっても、それを食べられる状態に処理することが採餌行動の効率に影響することは普通に観察されることです。これに対して動物にはいろいろな対応行動が発達しています。例えばヨーロッパに棲息しているある種のリスは、堅いハシバミの実を割って食べますが、はじめはハシバミを手際よく割ることができずに苦労します。しかし経験を積むにしたがってより手際よく実を割るようになります。ライオンも経験を通して獲物の喉に嚙みついたり、口に嚙みついて獲物の呼吸を止め、より効率的に捕殺することを学びます。これは採餌行動のB／C値を高めることに寄与します。

カナダ西部のマンダート島に棲息するヒメコバシガラスはこの点、大変興味深い行動をします。このカラスは引き潮のときなどに海岸でバイ貝を見つけて食べます。しかしバイ貝はカラスの嘴《くちばし》で割ったりこじ開けたりすることはできません。そこでカラスはバイ貝を口にくわえて海岸にある岩場に向かい、その上空に飛び上がってバイ貝を落とし、岩にたたきつけて割って食べます。

観察によると、カラスはほぼ5メートルの高さからバイ貝を落下させます。カラスが落とす貝は、目につく範囲の中で最も大きい貝でした。ではカラスが大きな貝を5メートル上空から落とすことに何か意味があるのでしょうか。

この点に関心を持ったある研究者は、岩場にはしごを立て、いろいろな大きさのバイ貝をいろいろな高さから落とし、大きさの違う貝がどのようなときに割れるかを実験的に調べました。一方でカラスが海岸を歩いて貝を探すときの消費エネルギーや、貝を割るための飛び上がりに費やされるエネルギーなども調べました。そしてこれらの資料を基に、カラスのバイ貝捕食のコストと利得をカロリー単位で算出しました。

その結果、貝を割るにはカラスは普通2回以上飛び上がって貝を落下させなければならないこと、落下の高さが高いほど貝は割れやすいこと、小さい貝は軽いために割れにくいことなど、バイ貝割りのコストと利得を算出するデータが得られました。

それから計算して分かったことは、貝を割るのに必要なエネルギーが最も小さくなる貝の落下の高さは、カラスが実際に貝を落下させている平均高度の5・2メートルに極めて近いことが分かりました。また貝の大きさはこの捕食行動のコストと利得に大きな影響を与えている因子であることも分かりました。小さい貝は大きな貝より割るのにより多くの回数落下させなければならないうえ、含有肉量も少ないこと、したがって小さい貝はB／C値の観点から採算が取れないことも明らかになりました。

これはカラスはある程度以上小さい貝は採ってはならないことを示唆しています。そのような小さい貝を採ると、それを捕食するたびに無視できないエネルギーの損失が起こるからです。実際実験者が皿の中に大きさの異なる貝を混ぜ、それを海岸において、これに対するカラスの捕食行動を観察したところ、カラスは最も大きな貝を選び、その他の貝には目もくれませんでした。これはこのカラスに観察されるバイ貝の選択と処理が、この採餌行動のB

／C値に決定的に重要であることを示しています。

因みに日本のある地方の漁港近辺に棲んでいるカラスは、その周辺で手に入れた大きな貝を道路に落として割って食べることが知られています。さらには、貝を道路に置き、自動車がそれを轢《ひ》いて割ったのを食べることも知られています。後にも述べるように、カラスは高い知能を採餌行動にも活かしています。

道具を使って餌を捕る動物

動物はしばしば餌となるものを目の前にしても、それをそのまま食べることができない場面に遭遇します。ヒメコバシガラスの場合、カラスは近くの岩場を利用してこの問題を解決していますが、同様に周辺にあるものを利用して餌の処理に利用している動物はほかにも知られています。

アフリカに棲息しているエジプトハゲワシもその一例です。このワシはダチョウの卵も食べますが、ダチョウの卵は大きくて硬いので嘴で割って食べることはできません。そこで利用するのが近辺にある石です。エジプトワシは適当な大きさの石を嘴にくわえて高く持ち上げ、そしてダチョウの卵をめがけて投げつけます。これを何度か試みるうちに、卵が割れて中身を食べます。

同様に、身の回りで手に入るものを道具として利用して餌を得ている動物も知られています。アメリカのカリフォルニア沿岸に棲息しているラッコは、海中に潜ってイガイをとってくると、海面に仰向《あおむ》けになり、イガイ割りの作業に取り掛かります。このときラッコは石をお腹の上に載せ、その石に両手に摑《つか》んだイガイを強く打ち付けます。石をイガイ割りの叩《たた》き台に利用するのです。

このように自然に存在するものを採餌に利用する動物は、アメリカの砂漠に棲むフィンチなど、ほかにも知られています。このフィンチは虫をほじくり出す道具としてサボテンの棘《とげ》を利用しますが、しかしこれらの動物はその物体に何らかの加工を加えているわけではありません。

この点、ほんのわずかな加工ではありますが、自然に存在するものに手を加えて利用する動物も知られています。チンパンジーです。もう半世紀以上も前のことですが、アフリカのあるチンパンジーの集団でシロアリを「釣る」ために道具を用いるチンパンジーが観察されたのです。

そのチンパンジーが用いた道具とは、草の茎や小枝です。チンパンジーは身近にある植物の中から適当な草を１本手に取ると、その茎から葉や枝分かれしている不要な茎を取り去り、「釣り竿」を作ります。そしてそれを持ってシロアリの塚のそばにしゃがみ込み、釣り竿をシロアリの巣の中に差し込みます。チンパンジーは差し込んだ釣り竿をちょっとの間そのままにしておいた後、釣り竿を引き抜きます。するとその釣り竿にシロアリがくっついてくるというのです。

シロアリは突然侵入してきた異物に噛みついて攻撃したつもりでしょうが、それがあだとなってチンパンジーに釣り上げられてしまいます。チンパンジーは釣り竿についたシロアリを口でしごいて食べますが、それが終わるとまたシロアリ釣りを繰り返します。

こうしてチンパンジーは気のすむまでシロアリ釣りに没頭します。その様子は他のチンパンジーの強い関心を引き、多くのチンパンジーがそれを見てまねし、マスターしました。因みにチンパンジーは本当のアリも釣って食べます。例えば移動中のアリの集団を見つけると、その中に小枝などを差し出し、それに噛みついて乗り上がってきたアリを食べるのです。

チンパンジーはこのほかにも道具を作って使います。例えば木の葉を噛んでスポンジ状に柔らかくします。それを木のまたなどに溜《た》まっている水に入れ、水を含ませてから引き上げて水を飲みます。またアブラヤシなどの硬い実を割るときに石を使います。チンパンジーは叩き台になる石を用意し、その上にヤシの実を置いて叩き割りますが、その台石はヤシの実が転がり落ちないような表面が平らなものが利用されます。また打ち石も同様に打撃面が平たいものが利用されます。これはチンパンジーがこの道具の目的と仕組みを知っている可能性を示唆しています。

ニューカレドニアのカラスは、人間以外の動物で最も精巧な道具を作る動物として知られています。ここのカラスは周辺の植物の中から、道具を作るのに適した材料を選びます。例えばカラスは脇枝のある小枝を選び、それからフックを作ります。小枝を適当な長さに折り切ったうえ、小枝から突き出ている脇枝をフックにするために根元近くで嚙み切ります。カタカナの「レ」の字の縦棒が長く、そこから短い引っ掛け突起が突き出たフックを作るのです。カラスはこのフックを枯れ木の中にいる甲虫の幼虫を引き出すのに使います。餌場を変えるとき、この道具を口にくわえて持ち歩くところも観察されています。

このカラスが作るもうひとつの道具は、木の穴や隙間にいる虫を引き出すための引っかき器です。これは逆さ棘がついた植物の葉から作ります。この葉の周縁には鋭い棘がありますが、この周縁部を嘴を使って一定の幅で切り取り、糸鋸《いとのこ》のような逆さ棘のついた引っかき器を作るのです。

ニューカレドニアのカラスがこれらの道具を作ることで費やすコストや、それから得られる利得を測定して、この道具を用いた採餌行動のエネルギー収支がＢ／Ｃ＞１を満足させているか否かについての研究報告があるかどうかは、残念ながら私は知りません。

しかし採餌の収支が負であったとしても、その解釈はカラスの賢さを考慮したものでなければなりません。というのは、都会に棲むカラスは公園の滑り台を滑ったり、水道の蛇口を開けたり閉めたりして遊ぶことが観察されており、それを考えると、カラスは採餌行動の多少の損失を承知のうえで、それでは埋め合わせることができない何らかの「精神的満足」を得ているのかも知れないからです。次の節でも私たちはそんな賢いカラスに出会うことになります。

餌の貯蔵を可能にする抜群の記憶力

餌が食べきれないほどに多いとき、動物の中にはそれを人間と同様に貯蔵し、後にそれを食べるものが少なからず知られています。このような餌の貯蔵は、四季のある地域に棲む動物にとっては重要な意味があります。

リスは餌を貯蔵することで知られている動物のひとつです。例えばヨーロッパ産のリスは木の実を地下に貯蔵し、それを餌が手に入らない冬季に掘り出して食べます。ある種のキツツキも木に穿《うが》った穴にドングリを貯蔵し、後に必要なときに取り出して食べます。ヨーロッパのハシブトガラという力ラの一種は、木の種子を集めてそれを木の穴に入れて貯蔵しますが、ただしそれを食べるのは貯蔵した数時間から2、3日後です。それができないではこれらの動物はどこに餌を貯蔵したのか、覚えているのでしょうか。

なら、餌の貯蔵は全く意味がありません。そこである研究者がこれをハシブトガラで実験して調べました。このカラは貯蔵後、早いうちに餌を取り出して食べるので、この目的の実験には大変都合のいい動物です。

実験では、まず実験室内に大きい鳥籠を用意し、その中に木の枝を十数本用意します。そしてその枝にハシブトガラが種子を貯蔵するための小さな穴を合計１００個あけます。穴の入口は布で覆って、中に種子が入っているかどうかが分からないようにします。貯蔵用の種子はヒマワリの種を12粒、皿に入れて置きます。こうして準備が整ったところで、ハシブトガラを実験用鳥籠に入れます。

ハシブトガラは鳥籠に入ってからしばらくしてヒマワリの種を見つけ、それを用意した枝の穴に埋めました。種子を埋め終わったところでハシブトガラを鳥籠から取り出し、その後2時間半後に再び鳥籠に入れ、貯蔵した種子を見つけられるかどうか観察しました。幸いカラは研究者の思惑通り、貯蔵した種子を探しはじめました。

さて、問題の種子の探索ですが、カラの行動を見ているとそれは決して行き当たりばったりの探索ではないことが分かりました。カラは明らかに種子を貯蔵した枝の穴を目当てに探し回ったのです。さらに興味深いことは、カラは種子を取り出して空になった穴には再び訪れることがなかったことです。貯蔵した穴を知っているだけでなく、貯蔵した種子を取り出して空っぽになった穴をも覚えているのです。

この際、カラは種子を貯蔵した穴に種子の匂いなどが付着していて、それを手掛かりにして種子を発見したのではないことは、別の実験で明らかになりました。カラが種子の貯蔵を終えたところでカラを取り出し、その間に種子の貯蔵場所を変える実験です。するとカラは再び実験鳥籠に入れられると、自分が貯蔵したはずの、今は空っぽの穴に行って種子を探したのです。このことはこれ以外の実験でも確かめられました。

これらの実験結果からカラは目で貯蔵場所を覚えていることがはっきりしました。さらに興味深いことは、カラは貯蔵するときに右目と左目のどちらか一方を使って貯蔵場所を記憶していることです。鳥の目は人間の目と違って両目がほとんど真横についているので、左右の目はそれぞれ体の左半分と右半分しか見えません。左右の目の視野が違うのです。

研究者はここに目をつけて、例えばカラの左目に「眼帯」をつけて左視野を遮断し、種子を貯蔵させました。そして種子を探させるときに、今度は右目に「眼帯」をつけて実験を行いました。するとカラはそのすばらしい記憶力を全く発揮できませんでした。カラは種子の貯蔵場所が全く分からなくて、いたずらにそちこちを探し回るだけでした。

カラスは記憶力も含め、知能が高い動物として知られています。それからも察せられる通り、カラスも餌を貯蔵します。北米のロッキー山脈の亜高山帯に棲息しているハイイロホシガラスの場合、好物のマツやモミ、トウヒなどの種子が貯蔵する餌です。

カラスは舌の下に食べ物を詰め込む袋がありますが、ここに時に30～40個もの種子を詰め込み、貯蔵場所に運びます。ところが1か所の貯蔵場所に貯蔵する種子量はわずか4～5個です。したがって多くの種子を貯蔵するためには、多くの貯蔵場所を用意しなければなりません。実際、カラスは実に数百～数千か所の貯蔵場所に3万個以上もの種子を貯蔵します。

問題はこのような莫大な数の種子貯蔵場所を覚えられるかどうかです。このカラスの種子貯蔵は9～10月ですが、それを取り出して食べるのは翌春から翌夏にかけてです。貯蔵から掘り出しまでの期間は、長い場合は数か月にも及びます。果たしてカラスはこんなに多くの種子貯蔵場所を、そんなに長期間覚えていられるのでしょうか。

観察によると、カラスは覚えていることが分かりました。こうして掘り出される種子は貯蔵した種子の3分の2にもなります。貯蔵場所の多さから考えると、この数字は大変高いと見るべきでしょう。

このカラスの場合も、貯蔵の記憶は視覚的手掛かりに基づいています。これは実験的にも確かめられています。例えば4羽のハイイロホシガラスのうちの2羽にピニョン松の種子を貯蔵させ、そのあとで貯蔵した2羽と貯蔵に参加しなかった2羽の両方に貯蔵種子の探索を同時に行わせたところ、貯蔵に参加したカラスは貯蔵種子の70パーセントを発見したのに対し、貯蔵に参加しなかったカラスの場合は、わずか10パーセントでした。また実験場にいくつかの石を置いてカラスがその近くに種子を貯蔵した後でその石を移動すると、カラスは移動した石の近辺を探索し、実際に貯蔵した場所から種子を探し出すことはできませんでした。

このようにカラスには抜群の視覚的記憶力があるがゆえに、かえって気をつけなければならないことがあります。餌を貯蔵するところを他のカラスに目撃されることです。もし目撃されたら、貯蔵した餌を盗み食いされる危険があります。実際、実験的に他のカラスが餌を貯蔵するところを見せたワタリガラスは、その場所を覚えていて、機会を与えられるとそれを掘り出して食ってしまいました。

ワタリガラスのすごいところは、この記憶力の上を行く知能的用心深さです。もし近くに他のカラスがいて、餌貯蔵が盗み見される危険があると、ワタリガラスは貯蔵の現場を見られないように大急ぎで貯蔵を行います。貯蔵に取り掛かるまでの時間が、盗み見される危険があるときは仲間がいないときに比べ半分以下になります。

また仲間がいる場合、餌場から餌を持って別の場所に貯蔵した後に、餌場に帰ってくるまでの時間が、仲間がいない場合に比べて3分の1以下に短縮されました。とにかく仲間は気の抜けない曲者《くせもの》で油断できないので、まさに大急ぎでことを済まさなければならないとでも思っているかのような慌てようです。

仲間に対する警戒から、ワタリガラスは仲間がいるときには貯蔵する餌が少なくなります。例えば仲間がいるときといないときの肉貯蔵実験では、仲間がいないときには与えた肉の78パーセントを身近の場所に貯蔵したのに対して、仲間がいるときにはわずか13パーセントしか貯蔵しませんでした。このときは大部分の肉は遠くの見えない場所に行って貯蔵したのです。また肉も嘴にくわえて運ぶのではなく、それが見えないように口の中に入れて運びました。さらにそうしたうえで肉は雪のより深い場所に埋め込むという念の入れようでした。

これらの気遣いを見ると、賢いカラスは賢いなりに苦労が多いことが分かり、ため息が出そうです。

以上に紹介してきた通り、動物は時に人間の想像を超える奇策を用いて餌の確保に注力していることがうかがえます。これらの驚くべき能力の元になっている本能には本当に驚嘆するしかありません。

第3章　奮闘するオス

動物が生きる究極的な生物学的目的は、可能な限り多くの子を遺すことです。オスはこのゴールに向かって、できるだけ多くのメスと生殖することに全力を傾注します。一方でオスは「妻」の他のオスとの生殖に注意し、それを阻止しなければなりません。オスはこれらの課題にいかに対処しているのでしょうか。

賢いメス探し

少しでも多くのメスと生殖するためにまず最初にオスがなすべきことは、自ら積極的にメスの探索を行うことです。「棚ぼた式」にメスを待っているようでは、オスはライバルのオスに先を越されてしまいます。特に「早い者勝ち」で配偶者を確保する動物では、オスはメスをどこで探すか、いつどれくらいの時間探すかなど、メスの探し方如何《いかん》によって交尾の機会が大きく影響を受けます。

モンシロチョウはそのような動物の一種です。オスは蛹から羽化すると、たいていの場合、その翌日からメス探しを始めます。メスを探す理想的な場所はキャベツやコマツナなどのアブラナ科の野菜を栽培している畑です。なぜならこれらの作物畑は、これを食草とするモンシロチョウの幼虫のアオムシが大量に発生するところで、したがってメスが大量に羽化するところだからです。実際、オスはこのような畑でメスを探します。

どのようにメスを探すかも重要なポイントです。なぜなら、羽化して間もないメス、つまりまだ交尾していないメスは、たいていキャベツの葉の裏（下）側にいるからです。そのメスを見つけるためには、オスはキャベツの葉の下側に潜り込んで探さなければなりません。この点についてもオスは合理的なメス探しをしています。オスは頻繁にキャベツの葉裏に潜り込んでメスを探すのです。

図3―1　交尾中のモンシロチョウのオス（上）とメス（下）。左：普通のモノクロ写真。右：紫外線写真

またオスはメス探しの開始時刻にも注意する必要があります。というのは、メスはたいてい羽化後1時間そこそこでオスに見つかって交尾しますが、一度交尾したメスはオスを拒否するからです。メスは「交尾拒否姿勢」という特有の姿勢をとって、再交尾を拒否するのです（170ページの図6―2参照）。

メスがこの姿勢をとる限り、オスはいかに努力しても交尾することができません。それゆえにオスはメス探しに出遅れてはなりません。実はこれについてはもっと難しい問題が潜在しています。ここではこのことに注意を喚起するにとどめ、詳しくは第6章で説明します。

メスを探すオスは、もちろん探し求めているメスがどんなチョウか明確に知っています。そのメスを配偶者として認知する手掛かりは、可視光色と紫外色（線）から成るメスの翅の色です（図3―1。小原嘉明『モンシロチョウ――キャベツ畑の動物行動学』中公新書、2003年、または同

『進化を飛躍させる新しい主役——モンシロチョウの世界から』岩波ジュニア新書、2012年)。

因みにオスの翅には紫外色が含まれません。

オスにとって問題になるのは、このメス特定のための大事なメスの翅の色が、気象条件などによって変化することです。つまり紫外色(線)は可視光色に比べて雲により強く吸収されるという特徴があるため、雲の状態によって翅の色が変化します。例えば空一面が雲に覆われると、地上に届く太陽光の中の紫外線が、より波長が長い可視光線に比べてより強く吸収されます。そのため、メスの翅の色の紫外色が相対的に弱くなります。その結果メスの翅の色は典型的なメスの翅の色と違う色になるのです。するとオスはメスと遭遇しても、それをメスとして認識することができなくなる可能性があります。

キャベツ畑の上部に紫外線を通す透明ビニールシートと、それを通さない透明シートを張って紫外線のある空間とない空間を作り、それぞれのビニールシートの下でオスのメス探し行動を観察した結果、オスは紫外線のあるシートの下では普通にメス探しをすることが分かりました。ところがそんなオスが紫外線がないシートの下に入り込むと、間もなくメス探しをやめてしまいます。あたかもそこはメスを探してもそれを見つけることはできない、ということを知っているかのようにメス探しをやめて休んでしまうのです。オスは賢くも無駄な努力をしないのです。

モンシロチョウのオスはこのほかにも、メス探しに巧みな工夫を凝らしていますが、いずれにせよ、オスをかくも賢く振る舞わせる本能の知恵には脱帽です。

体力戦で勝負するオス

動物が巧みに身を守り効率的に餌を食べて生き、そして成長するのは、その先に待ち構える生殖に備えるためです。生殖こそ生物が目指す生涯最大の目的であり、課題です。ただし生殖すればそれでいい、というわけではありません。生殖においてオスとメスが問われているのは、単に子を遺すということだけではなく、いかに多くの子を遺すかということです。

この課題に対するオスの答えは単純明快です。可能な限り多くのメスと生殖することです。なぜならオスの子の数は生殖して受精させたメスの数に比例して増大するからです。事実、動物のオスの生殖行動は、この一点に絞られているといっても過言でありません。

多くの動物のオスのこの課題に対する答えのひとつは、体力の強化です。メスを得るために競争相手になるライバルのオスを打ち負かすためです。その体力を高めるためには、体を大きくすることが最も一般的な道です。大きなオスは小さなオスよりも体力が強力であることに疑問の余地はありません。

アカシカや野生ウマ、アザラシやオットセイ、ライオンなど、体力で勝負する動物のオスは広範囲の動物分類群の動物で知られています。ウシガエルもオスが体力で勝敗を決する動物です。ウシガエルは6～7月にかけてのおよそ2か月間にわたって生殖活動が活発になります。この時期になると、オスは野太い鳴き声を上げて縄張りを宣伝し、それを守ることに力を注ぎます。対峙《たいじ》するオスの大きさに大きな違いがある場合、勝負はオスが発するこの鳴き声で決まります。しかしほぼ同じ大きさで鳴き声でも勝負がつかない場合、オスは取っ組み合いの闘争を繰り広げます。

オスの闘争は縄張りをめぐる争いです。人気があって、したがって激しい争いになるのは池の中央部です。ここは周縁部に比べて水温が少し高く、水草が少ししか生えていません。水温は卵の発生速度に影響を与えます。水温が高いと発生速度が速くなりますが、発生速度が速いとその分捕食者のヒルの捕食にさらされる時間が短くなり、生き延びる卵の数が多くなります。

一方、水草が密に生えていると、卵塊がそれにからまって広く広がるため、ヒルの攻撃を受けやすくなります。その点、水草が少ないと卵は塊になり、ヒルの攻撃を受けにくくなります。こういうわけで池の中央部は卵の発生に適していて孵化率が高いため、メスがこのような場所を産卵場所に選んで訪れ、交尾して産卵することが多いのです。それでここに縄張りを構えれば、オスはより高い確率でメスの訪問を受け、交尾することができるというわけです。

体力でオス同士が争う動物では、オスとメスの大きさが大きく異なることがよく見られます。オスがメスよりも顕著に大きいのです。例えばキタゾウアザラシでは、オスの体重はメスのおよそ8倍もあり、牛や馬なみの大きさです。これを人間に喩えれば、50キログラムの女性に対して男性は４００キログラムにもなることになります。

これはメスを争い求めるオスは、体が大きいほど有利なため、大きいオスがより多くのメスと生殖し、その大きくなる性質を受け継ぐ子をより多く産むからです。大きいオスの息子は父親に似て大きくなり、父親同様多くの子を遺すことが期待されます。こうして大きなオスの家系は世代を重ねるにつれて徐々に個体数を増やし、種内に広がったと考えられます。

これに対してメスはオスと違って、異性のオスを求めてメス同士で争う必要がありません。実際、一部の特殊な事情にある動物を除いて、メスは争うことはありません。それでメスには特に大きくなるような自然淘汰の力が及びません。このような生殖に対するオスとメスの生物学的な立場の違いが、オスとメスの体の大きさの違いをもたらした原因です。

大きなオスは時に格段に多くのメスを確保します。オットセイやゾウアザラシなどの鰭《き》脚目《きゃくもく》の動物では、１頭のオスが確保するメスは数十頭以上にもなることが珍しくありません。このような極端な一夫多妻の婚姻形態はハレムと呼ばれます。もちろんオスが大きいほど確保するメスの数が多くなります。前述のメスの8倍も大きいキタゾウアザラシでは、1頭のオスが100頭ものメスを確保することがあります。

鰭脚目の動物に一夫多妻あるいはハレムがよく観察される理由は、繁殖場所の特徴が関係しているかもしれません。これらの動物は繁殖期に小島の海岸などに上陸して繁殖しますが、そのような繁殖場所は狭いため、個体密度が大変高くなります。これはオスにとっては大きな魅力となるはずです。なぜなら、例えば畳10畳ほどの場所を縄張りとして確保できれば、オスは容易に10頭くらいのメスを確保することができます。それゆえオスにとっては縄張りは極めて価値が高い繁殖資源になり、闘って勝ったときの報酬が非常に大きく、それゆえにどうしても手に入れたい魅力的な生殖資源なのです。

弱いオスの裏技

アフリカのキイロヒヒなど多くの動物のオスは、肉体的闘争によって社会的ランクを争います。この戦いで上位のランクについたオスは、より多くのメスと交尾できます。しかし弱いオスに生殖の機会が全くないかというと、そうではありません。例えば社会的順位の低いキイロヒヒのオスは、メスとの社会的絆《きずな》を築くことで、そのメスと生殖することができることがあります。

このようなオスはメスの子供を他のヒヒの攻撃から守ったり、あるいはメス自身を守るなどしてメスと社会的関係を築きます。オスはこのような非肉体的行動によってもメスと生殖する機会を得ることができます。同様のことは、チンパンジーなど知能の発達している霊長類では珍しくありません。

肉体的闘争で勝ち目のないオスの中には、奇手ともいえる変則的な方法で生殖の機会を得ようとするオスも知られています。そんな動物のひとつがブルーギルです。この魚は北米の五大湖に棲息していますが、生殖期になるとオスは湖底の一部を縄張りとして確保します。このオス同士の戦いでは、やはり大きいオスが勝利を収めます。こうして縄張りを確保したオスは、メスを迎え入れて産み出された卵を受精します。

しかし弱小のオスもあきらめていません。これらの弱小オスはむしろ小さいことを利用して生殖に臨みます。小さいオスはライバルのオスの縄張りに近づくことを避け、少し離れたところで目立たないようにして生活します。小さいことでライバルのオスの攻撃対象にならずに済むことがあるからです。

こうして弱小オスはメスが縄張りオスの縄張りを訪れるのを待ちます。そしてそこにメスが訪れ、縄張りオスとメスがいざ放卵し放精するというそのときに、目にも止まらない素早さで縄張りオスとメスの間に入り込み、間髪を入れずに放精します。そうです、弱小オスは卵のコソ泥受精を敢行するのです。卵のコソ泥受精で縄張りオスに対抗しているのです。こうして放精さえできれば卵の相当数を我が子とすることができます。

興味深いことに、オスが縄張りオスになるかコソ泥オスになるかの決定に、遺伝子が一部関与していることが分かっています。縄張りオスとコソ泥オスをそれぞれメスと掛け合わせ、その子供のうちのオスの生殖行動を調べると、コソ泥オスの息子は縄張りオスの息子に比べ、有意に高い確率でコソ泥オスになります。

痛み分けの勝負

秋に長い回遊生活を終えて生まれた川に戻ってくるギンザケにも同様のコソ泥オスが知られています。ギンザケの生殖は、メスが尾鰭《おびれ》を震わして川床の小石や砂を扇ぎ飛ばし、浅い窪みを作ることから始まります。このメスをめぐってオスが闘争を繰り広げます。オスはメスの近くに陣取ろうとして、互いに噛みついたり突きかかったりして争います。この戦いでも有利なのは鼻曲がりと呼ばれる大きなオスです。大きくて強いオスは、上顎の先端部が鉤《かぎ》のように曲がっていることからこのように呼ばれています。

ギンザケには大きな鼻曲がりのほかにジャックと呼ばれる小さいオスが存在します。ブルーギルのコソ泥オスと同様に、鼻曲がりより小型で上顎が曲がってできる鼻曲がりや生殖期特有の体色が現れません。また鼻曲がりと違って、ライバルのオスとの激しい闘争をしません。鼻曲がりの攻撃を受けないように、鼻曲がりの縄張りに不用意に近づくことはしません。そしてブルーギルのコソ泥オスと同様に、メスが放卵し、オスがそれに放精するその瞬間に飛び込んで放精します。

鼻曲がりとジャックは成長と性成熟の過程が違います。鼻曲がりは大きく成長した生後3年目に性成熟しますが、ジャックはまだ体が十分に大きくならない2年目に性成熟します。では鼻曲がりとジャックの勝負は最終的にどうなるのでしょう。直感的にはやはり力が強い鼻曲がりがジャックを打ち負かして滅ぼしてしまうかに思われます。しかし実際は意外とも思われる結果になります。どちらも決定的な勝者にはなれないのです。それはどちらか一方が優勢になればなるほど、弱みが増すからです。

例えば今、ジャックが繁栄して、ジャックの個体数が多いとします。これは逆に鼻曲がりが少ないということですが、このような状況下ではジャックはコソ泥をする対象の鼻曲がりに遭遇するチャンスが少ないことを意味します。逆に周りには自分と同じコソ泥生殖を狙うジャックがうようよしています。ライバルのジャックがいっぱいいるので、それらと争ってコソ泥を競わなければなりません。それはジャック1匹当たりの生殖の機会が少ないことを意味します。ジャックは同じジャックが増えるほど不利になって、生殖の成績が低下することなるのです。

同様のことは鼻曲がりについてもいえます。このような結果、どちらも相手を完全に駆逐できるところまで繁栄することはできません。結局鼻曲がりとジャックは、両方の繁殖成績が拮抗《きっこう》する点で平衡状態に達し、多少の変動があるにせよ、その平衡点の近辺で互いに微増微減を繰り返します。このことは実証的研究によっても裏付けられています。

魅力のアピール

動物界には肉体的闘争とは違うやり方で生殖の機会を得ようとする動物もたくさん知られています。そのひとつはメスに自らの「魅力」をアピールする戦術です。例えばウグイスやシジュウカラなどの鳥や、両生類のカエル、節足動物のバッタやキリギリスなど広範囲の分類群のオスがラブソング（求愛歌）などを奏でて自分をアピールします。

ヨーロッパに棲息しているスゲヨシキリのオスはさえずりでメスにアピールします。この種のオスは春になるとヨーロッパ各地のスゲなどが生えている湿原にやってきて、そこに縄張りを作ります。そしてその後にやってくるメスに対して、よく通る美声でさえずりを始めます。

そのさえずりは、基本音節がいくつか組み合わさって構成されていますが、オスはその音節を自由に組み合わせてさえずりのレパートリー数を増やします。しかしこの音節の組み合わせの上手下手は、オスによって異なります。あるオスは音節をいろいろ組み合わせて14種のレパートリーをさえずりましたが、別のオスは実にその約3倍の41種ものレパートリーをさえずり分けることができました。

ではオスのさえずりのレパートリー数は、メスの確保と何らかの関係があるのでしょうか。調べてみると、興味深いことにさえずりのレパートリー数が多いオスほど、メスを強く惹《ひ》きつけてつがいを形成することが分かりました。例えば41種ものレパートリーでさえずるオスはスゲの湿原に到着後、約半月でメスを迎えることができました。これに対して14種のレパートリーでさえずるオスは、メスとつがいになるまでに30日以上もかかりました。レパートリー数41のオスの倍以上の日数がかかったのです。

これは多くのレパートリーを持つオスの方が、メスを確保する点で有利であることを示しています。このように早くつがいになり、早くヒナを孵《かえ》した親は他に先んじてヒナの餌を利用できるなど、子育てを有利に運ぶことができます。またオスは1回目の繁殖を早く切り上げると、繁殖シーズンが終わる前にもう一度生殖する機会に恵まれることもあります。

カナリアのオスもラブソングをさえずることでメスを交尾へ誘導しますが、これについては興味深い研究があります。というのも、オスのラブソングには大変な苦労が隠されている

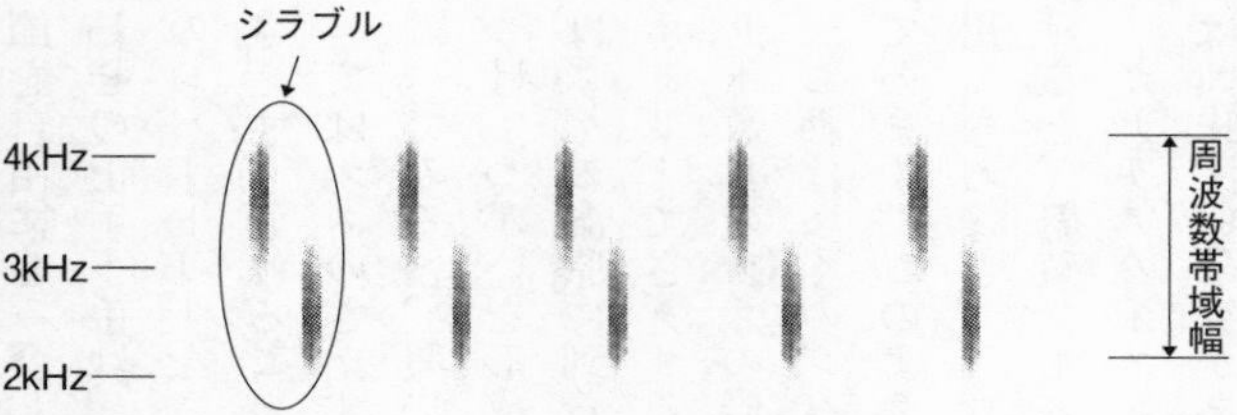

図3―2　カナリアのラブソングの模式図（Draganiou et al., 2002を改変）

らしいこと、つまりメスを交尾へと誘導することはそんなに生易《なまやさ》しいことではないことが分かってきたからです。

カナリアのラブソングはシラブル（音節）が基本になって構成されています（図3―2）。シラブルは図に示した通り、2個の短い音声から構成されていますが、このうちのひとつは周波数が3～4キロヘルツで、他のひとつは2～3キロヘルツです。カナリアのラブソングはこのシラブルが短い間隔で連続的に素早く繰り返されるものです。1秒間に発せられるシラブル数、つまりシラブル発生速度はおよそ20～30です。

実験によるとメスはオスのラブソングに反応してオスを受け入れる姿勢をとりますが、オスを受け入れるかどうかはラブソングによって違います。その決定に重要な影響を与えるのはラブソングの2つの要素であることが明らかになりました。ひとつはシラブル発生速度です。シラブルの発生速度が速いほどラブソングの効果は大きくなります。もうひとつはシラブルの周波数の幅（周波数帯域幅）で、それが広いほどラブソングの魅力は高まります

（図3―2）。

しかしオスがこの2つの要件を同時にクリアすることは容易ではないことも分かりました。オスはシラブルの発生速度を高めようとすると、周波数帯域幅を広く保つことができなくなり、その幅が狭くなってしまいます。逆に周波数帯域幅を広げようとすると、シラブル発生速度が落ちてしまいます。こういうわけで、オスがシラブル発生速度と周波数帯域幅の両方を、メスが満足するレベルにまで高めることは実質的に無理であると見られます。

メスが実在するオスのラブソングに必ずしも満足していないことは、人工のラブソングを作り、そのシラブル発生速度と周波数帯域幅を操作する実験でも示されました。用意したある人工ラブソングには、カナリアのオスが出せないような「異常」に速い発生速度のシラブルから成るラブソング（高速シラブルラブソング）と、周波数帯域幅が異常に広いラブソング（広帯域周波数ラブソング）も含まれています。そのような人工ラブソングをメスに聞かせて反応を観察した結果、メスはこの高速シラブルラブソングや、広帯域周波数ラブソングに強い反応を示しました。

これはもしこの人工ラブソングなみの強い魅力あるラブソングをさえずるオスがいたとしたら、そのオスはメスにモテて速やかに生殖できるだろうことを示唆しています。換言すれば、メスの好みのレベルは、現存のオスには実行不可能な高度の要求であることがうかがわれます。また現存のオスは、そんなメスの高望みに応えようと必死にさえずっていることが想像されます。オスって大変です。

動物のオスがメスに訴える方法は聴覚のほかに、視覚や嗅覚も使われます。ニューギニアやその周辺地域に棲息しているフウチョウ（ゴクラクチョウ）や、グッピーを代表とするいろいろな観賞魚はその代表です。これらの動物はその派手な羽毛や、それを誇示するための特有の求愛行動でメスに自分の魅力をアピールします。ここでもオスはメスに受け入れてもらうために、全力を尽くします。

結納品で誘うオス

メスが好むものをメスに結納品としてプレゼントすることで、メスとの生殖を目指すオスも珍しくありません。カワセミやアカショウビンのオスはその一例です。これらの鳥のオスは川魚を捕まえ、それをメスにプレゼントします。

アジサシのオスも同様に結納品をメスにプレゼントします。結納品の品物は魚とエビなどの甲殻類です。しかし魚は捕獲がより難しいため、プレゼントの回数で見ると全プレゼント回数の14パーセントにすぎず、残りは甲殻類です。オスはこれらの結納品を捕獲すると、それをくわえてアジサシが多数集まっている繁殖地にやってきます。そしてその上空を飛びながら、まだつがいを形成していないメスに対して大きな鳴き声を発しながら呼びかけます。このオスとメスの第一段階の出会いでは、結納品の贈呈は行われません。

オスがメスに結納品をプレゼントするのは、この後オスとメスの2羽が別の場所に移動するようになってからのことです。つまりオスとメスは昼間はアジサシの集団繁殖場所から離れ、そこで1日中、2羽一緒に過ごすようになります。このときにオスはメスに本格的に餌を運んでプレゼントします。そして夜になると、2羽で仲間の集団繁殖場所に戻ります。

オスのこのかいがいしい結納品贈呈攻勢は、オスにとって相当の労働になります。プレゼント攻勢の最盛期には、オスは朝の4時半から夜7時ころまで、実に14時間も飛び回ります。それにもかかわらず、このかいがいしいプレゼント攻勢が破談で終わることもあります。1日か2日間、プレゼントを受け取っただけで、その後調査地から姿を消してしまったメスが観察されています。研究者は、その原因はオスの結納品の量が十分でなかったためらしいと示唆しています。

実際結納品が十分でないために破談になる場合があることは、ツマグロガガンボモドキという昆虫で確かめられています。この昆虫は林の中の丈の低い植物の間を飛び回って、ハエやアブラムシなどの昆虫を捕まえて食べる肉食性の昆虫です。しかしこのような場所は、ガガンボモドキにとっても危険な場所です。というのは、飛び回る虫を捕らえるためにクモが網を張って待ち構えているからです。

この種のオスは、もちろん自分の餌を得るためにも獲物の昆虫狩りをしますが、それだけではありません。オスはメスへの結納品としての餌狩りもします。観察によると結納品を獲得したオスは、それを持って木の枝や葉っぱなどに前肢でぶら下がり、メスを呼び寄せるための性フェロモンを腹端部から放出します。

これを嗅ぎつけたメスはオスのところにやってくると、オスと向き合い、そしてオスが抱える餌を肢で捕まえ、口吻を突き刺して食べはじめます。このときオスは腹端部を曲げてメスと交尾しようとします。

しかしここで交尾がすんなり成立するとは限りません。十分に大きな餌でないとメスは交尾開始後間もなく交尾を中断して逃げ去ってしまいます。これはオスにとって大問題です。というのはオスがメスの生殖器官に送り込む精子の量は交尾時間に比例して多くなりますが、オスが十分量の精子を送り込むためには、オスは20分くらい交尾していなければなりません。ですから、交尾開始後数分程度でメスが逃げ去ると、オスは交尾の目的を達することができません。

こういうわけで、オスは何かとうるさい文句をつけるメスに自分の子を産んでもらうためには、手抜きをすることはできません。この種の場合、結納品とメスの交尾受け入れは交換条件になっているのです。十分量の精子を送り込むためには、オスの結納品はメスが十分に長い時間交尾を持続するだけの価値ある結納品でなければならないのです。

観察によると、交尾は平均23分に及びます。これから察すると、オスは平均的に交尾の目的を達していると考えられます。実はその裏にはオスの涙ぐましい努力があるようです。オスは結納品用の獲物を捕まえ、それに口吻を突き刺して試食した後、それが十分に大きくないと捨ててしまうからです。こうして捨てられる獲物は、捕らえた獲物の３分の１にも達します。オスの交尾への努力はすでにこのときから始まっているのです。

結納品がこの種にとってこれほど貴重であることは、オスとメスの交尾後の行動にも反映されています。交尾が終わるとオスとメスは結納品をめぐって争うのです。目的を達したオスは、貴重な結納品をメスからもぎ取ろうとします。負けじとメスが結納品にしがみつきます。この勝負は３分の２はオスの勝利に終わります。メスが勝つのはわずか８パーセントです。残りは両者の損で終わります。結納品がオスとメスの争いの間に、肢から抜け落ちて紛失してしまうのです。

後述しますが、ある種のチョウやキリギリスでは、オスが生殖付属腺で生産した物質を結納品としてメスに贈ります。

衝撃の子殺し

これまでに紹介してきた通り、メスを得るためにオスが使う手は多種多彩ですが、その激烈さにおいて、オスによる子殺しほど残忍な手はないかもしれません。以前、動物科学にかかわる研究者の間では、動物は一般的に同種殺しはしないというのが支配的考えでした。例えば1973年に動物行動学者としてはじめてノーベル賞を受賞した3人の動物行動学者のひとり、オーストリアのコンラート・ローレンツ（1903〜1989）はその代表者です。彼は同種のメンバーを殺害する動物は人間以外にないとし、人間のこの残忍な行為の起源について考察したり、あるいはそれを抑止するにはどうしたらいいかなどに思いをめぐらしています。しかしこれは現在では動物界の現実を反映したものとはされていません。

そんな中、インドに棲息しているハヌマンラングールというサルの生態学的研究を行っていた霊長類研究者の杉山幸丸《すぎやまゆきまる》が、この種のオスがメスが抱えている幼児を殺害することを報告しました。ハヌマンラングールは一夫多妻で繁殖しますが、この婚姻形態は当然の結果として、あぶれオスを創り出します。幼児の殺害を行ったのは群れの中のあぶれオスでした。オスは子供を抱えて逃げ惑う母ザルを追いかけ、隙をついて幼児に噛みついて殺したのです。

ではなぜこのような惨事が起きたのでしょうか。その研究者は、ハヌマンラングールの個体数が多くなって社会的ストレスが高まった可能性や、社会病理的現象とする考えなどを想定しましたが、これがオスの繁殖活動のひとつであるとする考えには至りませんでした。同種殺しに否定的な当時の研究界の中にあって、オスが同種の子供を噛み殺すなどという考えが、ついぞ脳裏に浮かばなかったとしても、それは不思議ではありません。

しかしハヌマンラングールのオスによる同種の子殺しは、自身の繁殖を追求するオスの「適応的」繁殖行動であるとする鮮烈な考えが、アメリカの霊長類学者のサラ・ブラファー・ハーディによって提唱されました。この考えはその後他の霊長類やライオンを含む動物のオスによる子殺しにも適用され、一般的に認められるようになりました。

アフリカのセレンゲティ公園のライオンは通常1～6頭のオスと、3～12頭のメス、およびその子供から成るプライドと呼ばれる集団で生活しています。これからも分かる通り、ライオンはハヌマンラングール同様、一夫多妻で繁殖します。これはまた、ライオンにもメスとの生殖の機会を持つことができないあぶれオスがいることを意味します。実際あぶれオスは実在します。彼らは単独または2、3頭のグループを作って放浪していますが、放浪の目的は繁殖の相手となるメスを見つけて確保することです。

しかし放浪オスが集団で生活しているメスを見つけたとしても、それらのメスと直ちに交尾できるわけではありません。プライドのオスを追い出し、メスを奪取しなければなりません。このためにプライドの主のオスと放浪オスの間で戦いが起こります。戦いの結果、プライドのオスが勝つことも放浪オスが勝つこともあります。

問題は放浪オスが勝った場合です。ようやく繁殖に臨めることになった新しいプライドの主は生殖に臨もうとします。しかしそれが簡単にはいきません。そこのメスが前夫の子を抱え授乳などの子育てに従事している場合、これらのメスは発情が抑止されているからです。それでメスらは新しいオスとの生殖活動を拒みます。その拒絶期間は1年半から2年近くにも及びます。

一方オスがプライドの主としてメスとの生殖に臨める期間は、2、3年という短い期間です。別の新しい放浪オスがプライド乗っ取りを企て、攻撃してくるからです。それでオスはその間に生殖して子を育て上げなければなりません。その急ぐ生殖がメスの拒絶によって全く進まないのです。

乗っ取りオスによる前夫の子の殺害は、このような立場にあるオスに発達した繁殖手段のひとつだというのが、ハーディの新しい考えです。つまりメスの発情を抑え、オスを拒絶させている障害要因は、メスと前夫の間に生まれた子であるということ、したがってその要因を排除し、生殖の機会を準備するのがオスによる子殺しの繁殖生態学的な理由だというのです。事実、子を殺されたメスは2、3日もおかずに発情を開始し、子殺しを断行したオスを受け入れます。

子殺しについてのこの意味づけは、当初こそいろいろな議論を巻き起こしましたが、その後アカコロブスなど多くのサルや他の動物で同様の事例が知られるようになると、一般に認められるようになりました。オスによる子殺しは動物のオスの生殖相手を求める力がいかに強いかを雄弁に物語っています。

必死の配偶者ガード

メスを強く求める一方で、オスは自分の生殖パートナーとなったメスを他のオスからガードしなければなりません。それはオスは、自分の生殖パートナーが本当に自分の子を産んでくれるかどうかを確信できない、という大変危うい立場にあるからです。交尾をしたからといって、そのメスがそれ以前に、あるいはその後に他のオスと生殖すれば、オスはそれまでに費やした生殖の努力が完全に無に帰す危険があります。

オスのこのような危うい立場を反映する行動はいろいろな動物で知られています。例えばジュズカケバトのオスはメスと一緒に巣作りをして生殖の準備をしますが、ある観察によるとオスは営巣場所から離れた場所で巣材を集めに出かけたときは、そこから営巣場所に残ったメスに目を向けて監視します。また巣材集めの場所に長居はしません。あまり間を置かずに営巣場所に戻ります。

実験的に巣材集めの場所から営巣場所が見通せないようにその間に視覚遮断物を置くと、オスが営巣場所に帰る頻度が高くなります。営巣場所に頻繁に帰ることは監視力を高める行動であると考えられています。このように生殖パートナーを監視する動物のオスはサギやオシドリ、カモなどの鳥類や、サルやチンパンジーなど多くの動物で知られています。

監視だけでは間に合わない場合、メスの物理的ガードを敢行する動物も知られています。ショウドウツバメのオスは、メスが巣穴から飛び出ると、そのすぐ後について追尾します。その間に他のオスがメスに接近すると、翼でもってそのオスに打ちかかります。特にメスが受精適期にある場合は、オスのメスガードはさらに堅固になります。いよいよ危ないとなると、オスはメスの前に立ちはだかってメスの進路を変え、巣穴に導いてその中に追い込んでメスをガードします。

トンボにはオスが交尾をしてメスに精子を送り込んだ後も、メスの頸部《けいぶ》を腹端部の交尾付属器で挟みつけたまま、文字通り体を張ってメスをガードするものが多く知られています。カワトンボやアカトンボのオスはその一例ですが、これらのトンボのオスはこのままメスの産卵まで付き合います。これがよく見かける連結飛翔です。連結のうちの先頭のトンボがオスです。オスはメスの頸部をしっかり把握して他のオスに付け入る隙を与えないようにしているのです。この連結飛翔の間に、メスは下方の池などに向かってぽろぽろと卵を産み落とします。

ある種のイトトンボでは、メスは水草の水中部分の茎に卵を産み付けます。そのためメスは茎を伝ってすっぽりと水面下に潜り込みますが、オスはこれに付き合います。オスはメスの首を把握した連結態勢のまま、メスとともに水中に潜り込んで産卵するメスをガードします。ここまでしっかりガードすれば、オスはメスが自分の子を産んでくれることを確信できます。

春の妖精として愛好家に人気の高いギフチョウのオスは、交尾に際し交尾栓という一種の貞操帯をメスに装着してメスの再交尾を阻止します。ギフチョウをはじめ、チョウやガ、あるいはその他の昆虫のオスは、交尾のときに精子だけでなく、精包《せいほう》物質と呼ばれるゼリー状の物質をメスの生殖器官に送り込みます。問題はその量です。これらのチョウやガのオスは、精包物質がメスの生殖器官からあふれ出るほど多量に送り込みますが、それは交尾が終わると間もなく硬く固まります。これがメスの再交尾を阻止する交尾栓と呼ばれるオスのメスガード法です。

しかしこれでも安心できないチョウもいます。ジャコウアゲハと呼ばれるアゲハチョウの一種のオスは、交尾栓の弱点をついてこの防波堤を突破するからです。突破のチャンスは交尾直後です。交尾直後はまだ精包物質が固まっていないので、この隙間を狙えば交尾も可能なはずです。ジャコウアゲハのオスはこの機を逃しません。このオスはなんと、交尾しているオスとメスのペアを見つけると、そのペアにしがみついて交尾が終わるのを待つのです。そして交尾が終わるや否や、交尾棍《こうびこん》と呼ばれる精子注入器を挿入し、そして精子を送り込みます。

ある調査によると、交尾しているペアの66パーセントに、この招かれざるお客さんがついていました。それだけではありません。ペアにしがみついてチャンスをうかがうオスは1匹だけでなく、2匹3匹と複数のオスがついていることもあります。ごく稀《まれ》ではありますが、5匹ものオスが1ペアにとりついていた観察例もあります。オスの生殖に対する執念を感じずにはいられません。

投身自殺するクモのオス

オスの配偶者ガードは熾烈《しれつ》を極めていますが、その中でもセアカゴケグモは飛びぬけて過激な方法で配偶者を守ります。このクモの名は「背赤後家クモ」の意味ですが、これはメスに比べてオスが極めて小さいことと関係があります。このクモのメスは体重が256ミリグラムほどの大きさですが、オスは体長1ミリメートル、体重はわずか4ミリグラムで、メスの体重のわずか1～2パーセントしかありません。これは私の想像ですが、大きなメスに比べて小さいオスは見つかりにくく、メスはいつもひとりでいる夫のいない後家さんと誤解されたために、このような名前がついたと思われます。

さて、このクモのオスは、オスをも食べるメスに慎重に近づき、チャンスを捉えてメスの腹部にとりつきます。そして自分の腹部の末端にある精子を詰め込んだ精子注入器官を、メスの精子受容器官の中に差し込み、それを通して精子をメスに送り込みます。そしてこの精子注入器官はオスの体から離脱してその場に残り、メスの精子受容器官を封鎖するので、メスはこの後しばらくは他のオスと交尾することができません。その間、残った精子注入器官はメスの交尾器官に精子を送り続けます。

オスの驚きの行動はこの後に起こります。オスはなんと、その場で前方に向かって前転「でんぐり返し」を敢行するのです。この「でんぐり返し」は、あろうことか自らの体をメスの大顎の間に放り込んでしまいます。言うなれば、これはオスがメスの口の中に投身自殺するようなものです。実際メスはオスの「愚行」によってもたらされた「餌」を食べます。観察されたオスの投身自殺のうち、3回に2回の割合でメスはオスを食べました。

一体オスのこの「愚行」にはどんな生物学的な意味があるのでしょうか。オスが自らの肉体をメスの餌として提供し、その栄養を卵の生産に回して産卵数が増加する可能性もありますが、オスの体が大変小さいことから、この可能性は少ないと思われます。またメスのすべてがオスを食べるのではないことも、この可能性が小さいことをうかがわせます。

この研究の研究者は、オスの捨て身の「でんぐり返し」の意味は2つあると述べています。ひとつは交尾時間を長くすることです。メスがオスを食べる場合、オスの摂食も含めた交尾全体の時間はおよそ25分で、オスの摂食がない場合の11分に比べて2倍以上になります。また交尾時間が長いほどメスに送り込まれる精子の量が多くなり、それに伴って産み出されるオスの子の数が2倍以上になることも分かりました。

もうひとつはメスの再交尾の阻止です。メスがオスを食べなかった場合、メスの再交尾率は96パーセントにも及びました。それに対してオスを食べたメスの再交尾率はそのおよそ3分の1の33パーセントでした。メスが再交尾した場合、メスが産む子は最後に交尾したオスの子であることから、オスの覚悟の「でんぐり返し」は自分の子を産ませるという点で、オスに利益をもたらしているのです。

このようなオスの奇策は、いろいろな条件が整わなければ本当に愚かな愚行で終わってしまいます。そのような条件のひとつは、オスの再交尾の機会の有無です。例えばオスの再交尾の機会が大変少なくて、めぐってきたこのチャンスを逃すと、もう再びそのようなチャンスが訪れる可能性はほとんどないというような生殖環境は、そのような条件のひとつでしょう。実際このクモではオスの生殖機会は、一生に一度あるかないかというほど少ないことが研究によって明らかになっています。またオスの実に80パーセントはメスを見つけることができないまま、生涯を終えることも分かっています。

このようなことから、オスの「投身自殺」はオスの適応的な生殖行動であると考えられています。

仁義なき泥仕合

以上に述べてきたように、オスはあの手この手を使ってどうにかしてメスを確保し、その卵を受精しようと懸命に努力しています。また確保したメス、あるいは交尾を済ませたメスに、確実に自分の子を産んでもらうために、知恵の限りを尽くしてメスをガードします。かくしてオスとオスの戦いは、時に仁義なき泥仕合にまで発展します。

泥仕合の中で最も頻繁に起こるものは、他のオスのつがい相手のメスに対して生殖アクションを起こすことです。オスは互いにこの婚外生殖活動を行います。もちろんこれが問題になるのはオスとメスがつがいを形成して生殖する動物の場合です。これに当てはまる動物は基本的に鳥類と哺乳類の一部ですが、これらの動物では多くはオスとメスは交尾の後も連携を保ち、一夫一妻制の下で協力して子育てを行います。

しかしこのような中にあっても、オスは他のカップルのメスとの生殖の機会をうかがいます。もしそれが成功すれば、自分の子を他のカップルに育てさせることができます。これは生殖行動のB／C値の観点から見ても、オスにとっては抵抗しがたい魅力です。それゆえオスの婚外交尾は頻発しています。鳥類は大多数が一夫一妻で繁殖しますが、その裏で多くの婚外交尾が起こっていることが知られています。ここで自分のパートナーのみと生殖を志す生真面目なオスは、婚外交尾を敢行するオスにかないません。発展家の性質は一般的にはオスにとって有利な性質であるがゆえに、現存の動物に広く行き渡っています。

ギアナイワドリのオスは、生殖に臨もうとするつがいのオスとメスに対して横やりを入れて、これを妨害します。例えば、オスは他のオスの縄張り内の止まり木にとまっているメスを見つけると、それを追い払ったり、鳴き声や羽ばたきでカップルを脅したりします。交尾の態勢に入ったオスに攻撃を加えるオスもいます。これで多くのオスは生殖のチャンスを逃してしまいます。観察によると、合意形成まで至ったカップルの3分の1がこのような妨害を受けました。

妨害オスが特定のメスに目をつけて、そのメスとカップルになろうとしているオスに毎日妨害を加えると、その効果が現れます。妨害オスがそのメスと交尾に成功する確率は結構高いのです。しかし妨害オスはいつもがいつも、いい思いをするわけではありません。このようなぶち壊し屋は、そうでないオスよりも妨害を受けやすいのです。仕返しの妨害があるからです。観察された妨害のおよそ70パーセントは妨害を受けたオスによる仕返し妨害でした。同じ妨害でも、アメリカのアパラチア山系に棲息しているサンショウウオの一種のオスが行う妨害は、メスに成りすましてオスを騙す奇策です。この種の生殖は、オスがメスに精子の入った袋（精包）を受け渡すことで完了します。具体的に見ると、オスはまずメスを自分の腰のあたりに乗せ、オス－メスの連結態勢をとります。続いてその場の地面に精包を産み落とした後、連結態勢をとったまま、メスの生殖口が精包に触れる位置まで前進します。メスは精包に触れると、そこで生殖口から精包を取り上げ、受精に使います。こういうわけで、この種ではオスがメスを精包の位置にうまく導かないと、精包の受け渡しは成功しません。

ライバルのオスがメスを妨害するオスの奇策はこうです。妨害オスはまずメスを装い、メスに成りすましてライバルのオスの腰に乗り、連結態勢をとります。これをメスと誤認したオスは、地面に精包を産み落とします。するとここで妨害オスはさっと逃げ去ります。この精包の産み落としがあれば妨害オスの妨害は成功したことになるからです。なぜかというと、こうして産み落とされた精包は、メスに受け取られることがないからです。騙されたオスの精包は無駄になってしまいます。

これが生殖妨害になるのは、騙されたオスが次の精包を用意するのに、およそ1週間かかるからです。これによって騙されたオスは、向こう1週間、生殖戦線から離脱せざるを得ません。妨害オスはその間、ライバルを1匹、排除したことになります。

前述のツマグロガガンボモドキのオスもメスに成りすましてライバルを欺きます。この成りすましオスは、プレゼントの餌でメスを呼び寄せようとしているオスのところにやってくると、メスを装ってオスに接近し、その結納品を奪い取ります。そしてそれをメスへの結納品として使います。あるいは自分で食べることもあります。

メスが複数のオスと交尾する動物の中には、オスは潜在的なライバルに負けないように、送り込む精子の量を多くする動物が知られています。これは、仮にメスの生殖管内にライバルのオスの精子があったとしても、それを量で凌駕《りょうが》して我が子の数を少しでも多くしようとするオスの努力の現れです。このような動物では精子を生産する器官、すなわち精巣が体のサイズに比べて大きいという特徴があります。南米産のある種のハムスターのオスはその一例です。睾丸《こうがん》2つで頭ほどの大きさです。

交尾に成功し、確実に精子を送り込んだとしてもまだ安心できない動物もいます。ある種のカワトンボです。この種のオスは交尾中に何やら気になる動きを見せます。何かというと、オスは挿入した交尾棍でメスの生殖器官内を探り、そこにそのとき以前に交尾したオスの精子がないかどうかを調べます。そしてもし他のオスの精子があると、それを掻き出します。交尾棍の先端部分はそのために特殊な形をしています。オスは精子を掻き出した後に、改めて自分の精子を送り込みます。

このような仁義なきやり方が功を奏すのは、昆虫では一般に卵の受精はメスが卵を産み出すときに起こるからです。送り込まれた精子は貯精嚢《ちょせいのう》と呼ばれる袋状の器官の中に保持されます（131ページ、図４─１参照）。そしてメスが産卵するときに、少しずつそこから送り出されて受精に使われます。このようなわけで、一般に昆虫ではメスがオスと交尾して精子を受け取ったからといって、そのオス以外のオスに生殖のチャンスがないわけではありません。カワトンボのオスはこの時間的な隙をついて受精を狙うのです。

以上見てきたように、動物のオスは自分の子を遺すために、実に涙ぐましい努力や工夫をしています。そのように生殖に力を入れるのは、それが成功すればオットセイやゾウアザラシのオスのように、何十頭もの子を遺すことができるからです。逆にそれに失敗すると、１頭の子も遺すことができません。オスは大きな成功と無残な敗北が分極する投機的な性なのです。

第4章　したたかに操り、選ぶメス

メスの繁殖成績は産み出した卵または子の数によって決まります。それゆえメスはまず卵の増産に努めるべきです。次にメスが採るべき道は、産み出した卵や子が成長途上で失われる損失を最小にすることです。そのためには、メスは子の成長に資するオスを生殖相手に選ぶことが大事です。メスはまた産む子の性を選択するなど、子の産み方を工夫することでも繁殖成績を高めることができます。

ぬかりない気配り

メスが繁殖で望める最大繁殖成績は、自分が産んだ子の数によって制限されます。メスはそれ以上の繁殖成績を望むことができません。それゆえメスはまず、より多くの卵や子の生産に邁進《まいしん》すべきです。それにはメスはより栄養豊かな良質の餌の摂取が必要ですが、しかしこれには限界があります。この点、オスから結納品として餌を受け取る動物のメスは、結納品の質や量などに無頓着であってはいけません。メスはより良質の餌をより多く摂取することが肝心です。

前章で紹介したツマグロガガンボモドキのメスは、実際にこれを実行しています。この種のメスはオスが提示する餌なら何でもいいというわけではありません。例えば結納品がテントウムシなどの場合、メスはこれに口吻を突き刺して味見しただけで摂食をやめ、オスを捨てて飛び去ってしまいます。テントウムシが栄養的に貧弱かどうかは分かりませんが、ハエなどの他の昆虫の場合はメスは摂食を続け、交尾を持続することから、メスが手当たり次第に結納品を受け入れているのではないことは確かです。

結納品がメスの好みの獲物であっても、それが十分な大きさの獲物でないと、メスは交尾を途中で打ち切って飛び去ることも紹介しましたが、メスのこの行動はメスに利益をもたらします。産卵数の増大です。大きな獲物の結納品を受け取ったメスの単位時間当たりの産卵数は、小さな結納品を受け取ったメスのそれに比べて、明らかに多いことが確かめられているからです。

大きい結納品を受け取ることで得られるもうひとつの利点は、寿命の延長です。林縁部などで獲物を求めて飛び回ることは、実はガガンボモドキの生命を危険にさらします。最大の敵はクモの巣で、これに捕らえられて命を落とすガガンボモドキが少なからず存在します。その点大きな獲物を十分に食べたメスは、空腹になるまでの間、危険な狩りを回避することができます。寿命が延びれば、さらなる産卵の機会を得ることにつながります。

オスがメスに提供する結納品は、餌ばかりとは限りません。オスが所有する縄張りがメスの繁殖成績に大きな影響を与える動物の場合、メスは縄張りの質にも留意しなければなりません。ウシガエルのメスは池の中央部に縄張りを構えるオスと生殖する傾向があることはすでに前章で紹介しましたが、そのような場所はヒルによる卵の捕食の危険が少ないこと、したがって卵の孵化率が高いことから、メスのこの選択は正解といえます。

ニホンカワトンボのオスは川辺に縄張りを作り、そこにやってきたメスに羽ばたいて求愛します。ここで、メスは胸部温度が高いオスを選択します。オスの胸部温度は縄張りの日当たりと関係していて、日当たりがいいほどその縄張りの所有者のオスの胸部温度が高くなります。また胸部温度が高いオスは求愛も活発になります。

こうしてメスは胸部温度が高いオスを選ぶことで、日当たりがよくて温度が高い場所を産卵場所として選ぶことができます。これでメスの産み出した卵はより早く発生することが期待されます。

オスをも栄養源とするメス

オス自身の肉体の一部がメスへの栄養贈与になることもあります。前章でチョウなどの昆虫では、オスは交尾で精子と一緒に精包物質をメスに送り込むことを紹介しましたが、この精包物質は糖質とタンパク質に富んでいるので、もしこれを栄養源として摂取できるのであれば、メスにとってまたとない貴重な栄養源になります。

事実、ある種のドクチョウやカバマダラでは、オスから送り込まれた精包物質がメスに吸収され、卵の生産に使われていることが確かめられています。オスの精包物質を放射性物質でラベル（標識）し、それをたどって追跡した結果、精包物質はこれを受け取ったメスの交尾嚢《こうびのう》からメスの体内に取り込まれ、一部はメスの体組織に、また他の一部は卵の生産に使われていることが分かったのです。

これと関連して、アルファルファチョウのメスは最近交尾したばかりのオスを交尾相手として避けることが知られています。これは交尾して間もないオスはその交尾で精包物質を消費していて、精包物質の再生産が十分に行われていない可能性が高いため、十分量の精包物質を得る可能性が低いからだと説明されています。実際、このようなオスは、精包物質の再生産のための時間が十分にとれたオスに比べて、その40パーセントほどの精包物質しか保有していません。

オーストラリア産のある種のキリギリスとササキリのメスは、オスの精包物質を口を通して食べることで研究者たちを驚かせました。これらの種では、オスは交尾時にメスの交尾器官にはとても収まらないほどの大量の精包物質をメスの生殖器官に送り込みます。その量はオスの体重の30パーセント、時には40パーセントにも及ぶことがあります。当然の結果として、精包物質はメスの交尾口の外に大量にあふれ出ます。メスはその精包物質を交尾後に食べます。

モルモンコオロギでは、もしオスが交尾で精包物質をケチると、精子をメスの生殖器官に送り届けることができなくなる危険があります。精子が精包物質と一緒に食べられてしまうからです。そのため、オスは少なくとも精子がメスの生殖器官内に安全に送り届けられるまでの間、メスの食欲を満足させるだけの量の精包物質を送り込まなければならないのです。

カマキリにはメスが交尾の際にオスを殺して食べる種が複数知られています。メスがオスを交尾の後に殺して食べるという事実は、大変ショッキングであることもあって、このオス殺しは多くの研究者の関心を呼んできました。でもなぜメスはこのような残忍なオス殺しを敢行するのでしょうか。

この謎を解く仮説のひとつが、オスの自己結納品説とでもいうべきドラスティックな仮説です。オスは自分自身を餌として提供することでメスに栄養を与え、メスの産卵数を増やしているのではないか、という説です。もしそうなら、それは究極の結納品ということになります。

最近、これに関する興味深い研究結果が発表されました。この研究では、まず実験に用いるオオカマキリの餌になるコオロギを放射性物質を含む餌で飼育し、コオロギの体組織を放射性物質でラベルします。次にこのコオロギをオスのオオマカキリに食べさせたあと、オスをメスと交尾させます。そしてそのあとでメスが産んだ卵にオスの肉体由来の栄養物質があるかどうかを、放射性物質を手掛かりにして追跡します。

その結果、交尾の際にオスを食べたメスでは、オスの体物質の17・7パーセントが卵や卵巣などの生殖腺に取り込まれていることが分かりました。卵にはオス由来のアミノ酸などの物質も取り込まれていました。産卵数は平均51個でしたが、これは平均産卵数よりも25パーセント多い値です。これを見る限り、身をもって子の数を増やそうとするオスの目的は達せられたかに見えます。メスから見れば、この上なくありがたい結納品ということになります。

しかし一方で、オスの80パーセントが交尾後にメスから逃げて生き延びることも観察されています。この観察事実は、オスは進んで自身を結納品として提供している、という考えに疑問を呈するものです。いずれにしろオス殺しによってメスが利益を得ていることだけは確かです。

秘めたるメスの狙い

成熟卵を保有するに至ったメスが、次に留意すべきことは生殖の相手になるオスの選択です。オスはメスの繁殖成績に重要な影響を与えるからです。子育てする動物では、オスは子への給餌量や子の保護などにおいても極めて重要な貢献をします。またオスの遺伝的資質はその子に組み込まれることから、相手になるオスの遺伝的資質によって子の生物学的資質も影響を受け、子の健康状態や成長、病気抵抗性などに影響が及ぶ可能性もあります。

これらのことを考えると、メスはオスの選択に真剣に向き合わなければなりません。ここでメスがまず留意すべきことは、オスのように積極的に自ら異性を求めることは危険だということです。なぜなら、自ら異性を求める性質が強いほど、メスがオスを選択するための時間が短縮されて望ましくないオスと交尾してしまう危険が高くなるからです。いったん交尾を終えると、通常メスの選択権は消滅し、自らの選択権を自ら放棄することになります。幸い次章で述べる通り、メスは売り手市場にあって、複数のオスの中からどれかを選ぶ立場にあります。

実際、一般的にメスは交尾に慎重で、オスのように異性が見つかり次第交尾を仕掛けるようなことはしません。前章で求愛歌など、自分の魅力をアピールしてメスを魅了しようとするオスについて紹介しましたが、これは逆の立場から見ると、求愛行動で自分の魅力を最大限に披瀝《ひれき》するオスをメスが選んでいることでもあります。ここでの主役は、実はオスではなくメスなのです。求愛の歌をうたい、求愛のダンスを踊るオスはよく目立ちますが、裏を返してみれば何のことはありません。文字通りメスに踊らされているだけのことです。

メスがオスを選ぶ理由は、ガガンボモドキなどのように、栄養物質の獲得という実質的な利益があれば明らかです。しかし求愛の歌が上手だとか、飾り羽が美しいなど、それがメスにとってどのような利益になるかが不明な場合がたくさんあります。果たしてメスはこのようなオスを選ぶことで何がしかの利益を得ているのでしょうか。

鑑賞魚としてよく知られているグッピーのオスは、オレンジや黄色、青や緑の構造色など目立つ体色をしていて人目を惹きます。この魚の原産地は中米のトリニダード島の周辺ですが、観賞魚として世界に広く持ち出されたものが流出し、今では世界中に分布しています。日本では沖縄などにすでに棲みついています。

グッピーではオスの体表にあるオレンジ色の斑紋（オレンジスポット）が、メスと生殖するうえで重要な役割を演じることが知られています。大きさの違うオレンジスポット、あるいは鮮やかさが違うオレンジスポットが、メスによるオスの受け入れにどのような影響があるかを実験した結果、オレンジスポットが大きくて色が鮮やかなオスほど、高い確率で生殖に成功しました。メスはそういうオスを好んだのです。

ではオレンジスポットが大きいオスを選ぶことでメスは何か得るものがあるのでしょうか。そのひとつと考えられる利益は、メスの息子が父親同様に大きくて鮮やかなオレンジスポットを持つため、メスにモテて多くの孫を産み出してくれることを期待できるということです。またオレンジスポットの大きいグッピーは捕食者を回避するすばしこさがあることや、ある実験条件下では餌の藻を探す能力が高いことを示す研究結果もあります。さらには、オレンジスポットはグッピーが寄生虫に寄生されると鮮やかさが減退することから、鮮やかなオレンジスポットは寄生虫に対する耐性を示唆しているという可能性もあります。メスはオレンジスポットを目安にオスを選択することでより健康な子がより多く育ち、より多くの孫をもたらしてくれるなど、多くの利益を得ていると考えられます。

健康体の証《あかし》としてカロチノイド色素の赤やオレンジの色のオスを好む動物は、ほかにも数多く知られています。例えばゼブラフィンチのオスに十分量のカロチノイドを与えると、血中のカロチノイドレベルが上昇し、赤い嘴が色鮮やかになり、免疫反応も強化されます。

実際、メスにカロチノイドを多めに与えたオスとそうでないオスとを選択させると、メスは前者により強く惹かれます。実験的に赤色と緑色の脚バンドをつけたオスをメスに選択させると、メスは前者を選り好《よごの》みしました。

同様のことはアオガラなど他の鳥でも知られています。このような観察から考えると、メスがオスを選択する背景には、父親に似て魅力的な息子を得る、健康なオスの遺伝子を子に取り込む、子育てが上手なオスを得るなど、メスの繁殖成績の向上に寄与するオスを選んでいると考えられます。

高いハードルを設定するわけ

繁殖期にライバルと闘争して縄張りを作るオスは多くの種で観察されています。前述のウシガエルはその一例ですが、ライバルと闘って勝利することは、そのオスが一般的に大きくて力強いオスであることの証でもあります。また大きくて強健なオスは餌の取得や防衛などにおいて遺伝的に優れた資質を有していると考えられます。メスがそのようなオスと生殖すれば、メスはその良質な遺伝的資質を我が子に組み込むことを期待することができます。

前章で述べたカナリアのメスはオスの求愛のさえずりに関心を示しますが、その際メスは現存のオスには達成不可能な高いシラブル速度と広い周波数帯域幅のさえずりを要求しています。これはカナリアのオスの能力を超えた要求ですが、少しでもこれに近いさえずりをさえずるオスは、肉体的にも生理的にも頑健なオスである証になります。それゆえメスはこれに目をつむることはできません。

同様のことは中央アメリカの山地の森林に棲息しているマウスでも確かめられています。このマウスのオスは生殖期に連続的なトリルから成る特徴的な鳴き声を発生します。鳴き声は長く続き、時に10秒にも及びます。この発声がゆえにこのマウスは、ここではナキマウスと呼んでおきます。

ナキマウスのオスのこの鳴き声は他のオスを追い払う機能がありますが、逆にメスに対しては誘引効果を持っています。カナリアの場合と同じく、オスのメスに対する誘引力は鳴き声のシラブル速度とそのシラブルの周波数帯域幅に依存しています。メスはシラブル速度が速い鳴き声ほど、また周波数帯域幅が広い鳴き声ほど強く惹かれます。しかしオスがこの両条件を同時に満足することは困難で、たいていのオスはどちらか一方に力を入れると、他のひとつの出来栄えが低下してしまいます。

オスの発声は雄性ホルモンのアンドロゲンの影響を受けていることが知られています。このホルモンは中枢神経系内の発声を誘発するニューロン（神経細胞）群と発声行動の実行にかかわるニューロン群に働きかけて発声行動を促進することが知られています。そこで雄性ホルモンのアンドロゲンを投与したオスと、精巣を切除し、アンドロゲンを投与しないオスを用意し、両者の鳴き声発生行動の比較実験が行われました。その結果、前者のオスは通常のレベルの発声行動を維持しましたが、後者のオスの発声行動のレベルは有意に低下しました。

これらの実験結果や、どれだけメスに対して魅力的な鳴き声を発声できるかはオスの年齢や社会的ランクに依存していることなどから、メスが鳴き声について提示する高いハードルは、生殖適齢期の健康的で社会的ランクの高いオスを選択する有効な手段であると解釈されています。

子育て能力の品定め

トゲウオのオスは、繁殖期になると川底に水草や藻などで小さな巣を作ります。そしてここにメスが訪れると、特徴的な泳ぎをしてメスに求愛します。運よくメスがオスを受け入れると、オスはメスを巣の入口に誘導し、そこから巣に入るよう促します。メスがそれに応じて巣内に入ると、オスは巣からはみ出ているメスの尾部を口先でつついて産卵を誘導します。こうして産卵が終わると、オスはその直後に巣内に入り、放精して卵を受精します。

ただオスの生殖行動はこれで終わりではありません。子育てが待っているのです。産卵された卵はそのままの状態で放置されると、発生が進んでより多くの酸素が必要になったときに酸素不足に陥り、死んでしまいます。そこでオスは巣の入口に向かって胸鰭《むなびれ》で新鮮な水を扇ぎ入れます。オスは仔魚が孵化するまで、この仕事を続けます。ヨーロッパ産のトゲウオの場合、卵の孵化までにおよそ3週間かかります。

この水送りをすべてのオスが等しく上首尾で行うのであれば、メスは時間をかけてオスの品定めをする必要はありません。しかし研究によると、オスの水送りにはオスによって個体差があることが分かりました。例えばあるオスは20秒ほど水送りをするとちょっと休み、その後すぐにまた水送りを再開します。要するに小まめに水送りをします。その一方30秒も休むオスもいます。

調査の結果、小まめタイプの水送りの方が卵の孵化率が高いことが分かりました。例えば1時間当たり80回水送りをすると、孵化率はおよそ60パーセントですが、40回の水送りでは孵化率は20パーセントの低率になってしまいます。この結果はメスがオスの子育て能力に関心を持つのに十分の理由を提示しています。

ではメスはオスのどこに目を向ければ子育て上手のオスを選び出すことができるのでしょうか。これを知るために水槽内で実験です。まず水槽を2枚の仕切り板で3つの室《へや》に区切ります。そしてその真ん中の室にメスを入れ、その両側の室にはオスを1匹ずつ入れます。オス室には巣も用意しておきます。オスとメスを仕切る仕切り板は透明で、メスは自室から両方のオスを見ることができます。2匹のオスもメスを見ることができます。

このような実験条件でもオスは仕切り板越しにメスに対して求愛を行います。つまりオスは頭を上に向け、かつ体を湾曲させた姿勢をとりながらおよそ1秒間、体を小刻みに震わせます。オスはこの求愛行動をしながら、時々メスに近づいたりあるいは巣に近づいたりします。これはメスを巣に誘導する求愛行動の一部ですが、このほかにオスは巣に水を送る行動も披露します。

これに対するメスの反応行動はオスによって異なることが分かりました。比較されるオスによっては、メスはどちらか一方のオスに近づき、その近くにとどまろうとします。時にはオスに近づこうとして透明の仕切り板にぶつかることもありました。どうやらメスはオスならどんなオスでもいいというのではなく、好き嫌いがあるようです。

ではメスはオスの何に注目してオスを選んでいるのでしょうか。分かったことはメスはオスの大きさなどではなく、求愛中にオスが示す体の振動に注目して選んでいることが分かりました。この行動をより高頻度で行うオスをメスは選択したのです。さらにオスの体の振動行動は卵の孵化率と関係していることも分かりました。体振動を高頻度で繰り返すオスほど高率で卵を孵します。体振動と水送りが実際にどのように関連しているかは分かっていませんが、いずれにせよメスは子育て上手のオスをしっかり生殖相手に選んでいるのです。

イエマシコというヒワに近縁の小鳥でも同様のことが知られています。この鳥は堅いつがいを形成して子育てを行います。オスはメスが抱卵を始めるまでは、片時もメスのそばを離れることなく付き添い、他のオスからメスをガードしますが、メスもまた他のメスが自分のオスに接近すると攻撃して追い払います。オスはその後メスが抱卵に入ると、メスに草の種や時には昆虫などの餌を運んできて与えます。このような仲睦《なかむつ》まじく堅い契りを結んで繁殖する鳥は珍しいです。

イエマシコのオスは個体によって羽の色が赤色からオレンジがかった淡い赤色までばらつきがあります。メスはこれらのオスのうち、赤色が濃い羽のオスを選り好みします。実は赤い羽のオスは餌採りが上手であることが分かっています。例えば1時間に何回餌を運んでくるかを調べると、赤色の羽のオスは赤色が淡いオスの2倍もの餌を運んできました。それゆえメスは赤い羽のオスを選ぶことで、ヒナへの給餌能力が高いオスを選んでいることになります。稼ぎのいいオスの選択です。

これに関連してこんな興味深い観察があります。それは抱卵の段階でメスがオスとの協働子育てを断念して破談になったつがいが11パーセント観察されたことです。破談になったオスがどんなオスかを調べた結果、なんとメスに捨てられたオスはすべて羽の赤色が平均よりも淡いオスだったのです。メスがオスの羽の色を手掛かりにして相手を選ぶ理由が分かる結果です。

もうひとつ、羽の赤色が濃いオスは生存率が高いことを示す観察もあります。イエマシコは冬の間は別の地域で過ごし、繁殖期になると再び同じ地域に戻ってきて繁殖しますが、翌年同じ繁殖地に戻ってきたオスを調べると、濃い赤色のオスほど繁殖地への帰還率が高かったのです。これは赤色が濃いオスは子育て能力が高いだけでなく、生命力も強いことを示唆しています。

浮気するメスの下心

以上に紹介してきたように、オスの遺伝的資質や子育て能力などにこのような差異がある場合、メスがより質の良いオスを選ぶことは自然淘汰上利益のあることです。したがってメスの関心がそのような良質のオスに向くことは避けられません。その結果多くのメスの関心が少数の特定のオスに向くと、メス間にオスをめぐる競争が生じると考えられます。実際、オオヨシキリやハゴロモガラスでは、メスは特定のオスをめぐって互いにライバルを攻撃します。あるキツツキの場合、メスの攻撃はライバルが産んだ卵にも向けられることがあります。

アオガラは表面上一夫一妻で繁殖します。表面上というのは、実はメスが産む子の中に夫以外のオスの子が含まれていることがあるからです。ある調査によると、メスの11パーセントが夫の子以外に他のオスの子を産んでいます。その原因のひとつはオスが近隣のよその妻に手を出すことですが、もうひとつはメスの婚外生殖です。

一般的にメスの婚外生殖はメスの子の数の増加をもたらしません。とするとメスは何の得があって婚外生殖に走るのでしょうか。子の数の増加でないとするなら、それはオスの質である可能性があります。実際、アオガラではメスの関心を強く惹くオスは体が大きく、翌年の繁殖期までの生存率が高いことが分かりました。このようなオスは1時間に4回の割合でメスの訪問を受けることも分かっています。

この場合、質の良いオスとつがいになったメスは幸運ですが、そうでないオスとつがいになったメスも可能ならその良質のオスの子を、と婚外生殖を望むことは生物学的には理屈が通ります。事実、良質のオスとつがいになれなかったメスの1時間当たりの「不倫願望外出」は、2時間に1回の割合で観察されました。これは質の良いオスとつがいになったメスの「不倫願望外出」がゼロであることと考え合わせると、大変意味深長です。

もし良質のオスの妻が婚外生殖を敢行するなら、その相手のオスは夫よりも質が良くないオスということになります。それでは婚外生殖でわざわざ良くない資質を子供に組み込むことになってしまいます。これらの観察は、メスの婚外生殖はより質のいいオスの資質を我が子に取り込もうとするメスの生殖術のひとつであるという考えを支持します。

気になる血縁者

以上は望ましいオスとの生殖を目指すメスの策術ですが、これとは反対に、メスには避けなければならないオスもいます。例えば病原菌に感染しているオスや近親者などですが、メスはそのようなオスを特定し、それを避けなければなりません。このうち病原菌に感染しているオスは体色や羽毛が健康色であるかどうかなど、外観を観察することで可能ですが、近親交配の弊害を生じる兄弟姉妹などの近親者はどのように特定し、避けているのでしょうか。

多くの哺乳類では同じ家族で育った個体は、互いの間での生殖を阻止するいろいろな仕組みが発達しています。例えばライオンなど多くの動物では、オスが性成熟する前に一緒に育った群れから離れていくことで、近親交配が避けられています。チンパンジーなどある種の動物ではメスが群れを離れることで近親交配が避けられています。子供が性成熟に達すると、親がオスの子を群れから追い出す動物も数多く知られています。また生殖齢に達した後も群れに残る動物の中には、例えばメスの発情を抑止する生理的メカニズムが働いて近親交配を避けている動物もいます。

ウズラは相手の顔や顔の周辺の羽毛の特徴を手掛かりにして近親者との生殖を避けています。これを明らかにした実験で、研究者はまずウズラのメスをいくつかのグループに分け、あるグループのメスは孵化直後から兄弟姉妹と一緒に飼育し、別のグループのメスは兄弟姉妹と別々に飼育するなど、いろいろな条件下でヒナを育てました。そしてメスが性成熟に達したあと、これらのウズラを特別にしつらえた「見合いケージ」に入れ、メスがどのような配偶者を選ぶかを実験しました。

実験の結果、メスは一緒に育ったオスには関心を示しませんでした。かといって血縁関係のない全くの「赤の他人」に対して関心を示したかというと、そうでもありません。メスが最も強い関心を示したのは従兄弟《いとこ》のオスでした。メスは従兄弟のオスのそばに近づくと、そのそばに寄り添っていました。ウズラではメスがオスのそばに寄り添っていると、その後交尾が起こりやすいことが分かっていることから、メスは従兄弟のオスを配偶者として選択したと考えられます。

この実験ではメスがどのようにして従兄弟のオスを特定したかを明らかにしていません。ただ自然状態で育てば、従兄弟を見分ける手掛かりがあります。それはウズラのヒナが、産毛《うぶげ》が抜けて新しく生えてきた羽根の特徴を記憶することです。このとき、親や兄弟姉妹と一緒に生活しているメスのヒナは、周りにいる近縁者の羽模様の特徴を覚えます。そして生殖期を迎え、オスを選択するときにその特徴を持つオスを避けることで、近親交配を回避します。しかしその特徴に全く似ていないオスも避けます。言うなれば、兄弟より縁遠いが、赤の他人ほど縁遠くもないオス。それが従兄弟のオスということです。

シジュウカラのメスはオスのさえずりを手掛かりにして、生殖相手として近親者を避けます。オスのこのさえずりは個体ごとに特徴があります。例えばさえずりのフレーズに含まれるシラブル数はオスによって1～11個までばらつきがあります。シラブルが純音かどうか、周波数の幅やフレーズの長さなどもオスによって異なります。シジュウカラのヒナは巣の中で幼鳥期を過ごす間、オスもメスも毎日欠かさずに父親の特徴のあるさえずりを聞いて育ちます。

メスが成長して性成熟を遂げると、メスはオスの中から配偶者候補を選びます。このときメスはヒナのときに聞いて記憶している父親のさえずりを参照します。つまりメスは昔聞いた父親のさえずりに似たさえずりのオスを避けるのです。実はオスの兄弟もメスと同様にヒナのときに聞いた父親のさえずりを覚えていて、それをまねて自分のさえずりを形作ります。その結果、息子のさえずりは父親似になります。そういうさえずりのオスを避けることで、メスは近親交配を避けているのです。

ではメスはどのようなさえずりのオスとつがうのでしょうか。興味深いことは、メスは確かに父親のさえずりにそっくり似たさえずりを奏でるオスは回避します。しかし父親のさえずりと全く異なるさえずりのオスを選ぶかというと、そうではありません。メスが最も強く好んだオスは、自分の父親のさえずりと少し似ているさえずりのオスでした。

このことはシジュウカラのオスは生まれた土地の近くで生活し、繁殖する傾向があるという事実と照らし合わせると意味深です。メスは生殖相手に近縁者を避ける一方で、全くの赤の他人にもあまり関心がないということを示唆しています。するとシジュウカラのメスはウズラのメスと同様に、生殖相手に従兄弟あたりの血縁関係にある異性を選んでいる可能性があります。

賢い産卵数の調節

メスはオスを選び、交尾をした後、産卵または出産の仕事をこなさなければなりません。哺乳類などと違って、子を卵で産み出す動物では、メスには注意すべきことがいくつかあります。そのうちのひとつは、産卵数をいくつにするかということです。もしひとつひとつの卵に十分に栄養を注入するなら、それから生まれる子は丈夫で健康に育つことが期待できます。しかしその場合、産卵数は少なくなります。一方、産卵数を多くしようとすると、個々の卵への栄養投入を少なくしなければなりません。その場合、子の成長や生存率に悪影響が及ぶことを覚悟しなければなりません。

産卵数をどのくらいに設定するのがいいかは、もちろんそのときの餌や捕食者の多寡などの生態学的環境要因も考慮しなければなりません。餌が少ない繁殖期に必要以上に多くの卵を産むことは得策ではありません。また親がどれくらいの数の卵を抱卵できるかも無視できない要因です。しかしそれ以上に重要な要因は親の子に対する給餌能力です。

イギリスのシジュウカラは春に年1回の繁殖を行います。このシジュウカラの繁殖についての長期間に及ぶ研究によると、メスは平均8〜9個の卵を産みます。この産卵数に親の抱卵能力は問題になっていません。なぜかというと、抱卵を始めた繁殖ペアの巣に余分の卵を加える実験で、親はその追加卵も含めてヒナを孵したからです。

問題はヒナへの給餌です。ヒナ数が多いと親はそのすべてに十分量の餌を与えることができないからです。ヒナが餌をたくさん必要とするころには、親は夜明けから日没まで、1日中餌探しをしなければなりません。子育て最盛期の親が巣に運ぶ虫は1日1000匹以上にも達します。

もし餌を十分に与えられなかった場合、ヒナは体重が軽くなります。例えばヒナ数が2羽の場合、巣立ち時のヒナの体重は19・5グラムほどですが、ヒナ数が増えるにつれて巣立ち時の体重は減少し、6羽ではおよそ19グラム、12羽では17・5グラムです。そしてこのヒナの体重はヒナの生存率に強く影響します。巣立ち時の体重が17・5グラムのヒナの巣立ち3か月後の生存率は、数パーセントにすぎません。これが20、21および22グラムのヒナの場合、ヒナの生存率はそれぞれ十数パーセント、20パーセント、および40パーセントになります。

では産卵数と給餌能力の両方を考慮した場合、最も適切な産卵数はどれくらいになるのでしょうか。巣当たりのヒナ数を段階的に変えて実験した結果、最適なヒナ数は8〜12羽であることが分かりました。これを野外のシジュウカラの巣当たりのヒナ数と比べてみると、野外で観察された8〜9個の産卵数は実験での最適なヒナ数より若干少なめです。

研究者はその理由をシジュウカラの生涯繁殖成績の観点から考察しています。つまり現在の子育てに目いっぱい力を出し切ると、確かにそのときの繁殖成績は高くなりますが、しかしこの「過労」が次の繁殖に悪影響を与え、巣立ちさせるヒナ数が大きく落ち込んでしまう危険があります。これを生涯の繁殖成績で見ると、1回目の繁殖に力を入れすぎると、それを余裕を持って終了した場合に比べて、生涯の繁殖成績が悪くなるからだと理由づけています。

実際、シジュウカラの近縁のアオガラで、繁殖ペアのヒナ数を実験的に増やすと、繁殖ペアはそれを育てましたが、その繁殖ペアの翌年までの生き残り率が低下しました。生涯に複数回繁殖する動物が自然淘汰に問われていて、その答えが生涯の繁殖成績の最大化であることを考えると、シジュウカラの選択は正解だといえるでしょう。

シジュウカラのメスと同様の問題は、多くの動物のメスが直面する課題です。アオムシコマユバチもその一種です。このハチはモンシロチョウの幼虫のアオムシに寄生する小さな寄生性のハチですが、メスはアオムシを見つけるとそれに産卵管を差し込み、いくつかの卵を産み付けます。卵はその後アオムシの体内で孵化し、アオムシの体液などを餌にして育ちます。そしてアオムシが最後の幼虫（5齢）になり、いよいよ蛹になるというときに、アオムシの体壁を突き破って出てきます。

ここで問題になるのは1匹のアオムシ当たりの産卵数です。もしメスが1匹当たりの産卵数を十分に少なくすると、子は十分の餌を食べて健康に育ちますが、宿主のアオムシが少ない場合はその後に産卵するアオムシが見つかりにくくて、卵の産み残しが起こる危険があります。逆に1匹当たりの産卵数が多すぎると、卵の産み残しはなくなっても子は餌不足になって健康に支障が生じる危険があります。

アオムシコマユバチのメスは、この問題にどのように対処しているのでしょうか。それを知るために、メスを2グループに分け、1グループにはアオムシがたくさんいることを想定して、12分に1匹の頻度でアオムシを与え、産卵させました。もうひとつのグループのメスには、その逆にアオムシが非常に少ないことを想定して、240分に1匹の頻度でアオムシを与えて産卵させました。

実験の結果、最初の産卵でメスが産んだ卵数はどちらのグループのメスもおよそ40個でした。しかし2回目以降、アオムシ十分のメスは産卵するたびに産卵数を減らし、最終的には初回の産卵数の半分ほどに減じました。それに対してアオムシ不足のメスはその後も初回の産卵と変わらない数の卵を産みました。これはメスはアオムシがたくさんいて、産み残しがないことが想定される場合は少なめに、逆に産み残しが起こる可能性が高い場合は多めに産んでいることを示しています。メスは状況に応じて産卵数を適応的に調節しているのです。

産卵産子も知恵の見せどころ

イヌワシなどの猛禽類《もうきんるい》やアオアシカツオドリ、またある種のサギなどの鳥では、メスの産卵の仕方によってヒナの成長や生死に大きな影響が出ます。例えばアオアシカツオドリのメスは第1卵を産むと直ちに抱卵を始めます。メスはその数日後に第2卵を産みますが、この産卵のずれはそのままヒナの孵化と成長に差異をもたらします。大きな第1子に比べ第2子は顕著に小さく、親が運んできた餌を両者で争い食べるときに、圧倒的に不利になります。

それればかりではありません。大きな第1子は孵化してまだ間もない第2子を押したりつついたりして手荒く扱い、最終的には巣の外に追い出してしまいます。追い出された第2子はむき出しのまま放置され、体温を失ったり空腹などで間もなく死にます。この間、親は特にヒナたちの争いに介入することはしないで放置します。

ではメスはどうしてこのような悲劇を生み出す時差産卵をするのでしょうか。これについての一般的な解釈は、メスが第2卵を時期をずらして産むのは餌不足や何かのアクシデントで第1子が失われた場合に備えるための保険という説です。猛禽類をはじめこれらの鳥の子育て中の餌環境は決して豊かではありません。そのため親が同時に2羽のヒナを育てることは一般的に難しいことが知られています。

そこでメスは少なくとも1羽は育て上げることにして1個卵を産み、それを抱卵し、餌を運びます。しかし場合によっては2羽育てられるときに備えて、2個目の卵を産みます。これから孵化した第2子は、第1子に比べて圧倒的に小さくて弱いので、親からの餌争いで第1子に勝つことは望み薄で、したがって成長も遅れ第1子との差異はますます大きくなります。

これに対して、もしメスが数日の間隔を空けた時差産卵でなく同時産卵した場合、何が起こるのでしょうか。その場合、ヒナはほぼ同じ速度で育ちますが、それに伴って2羽のヒナの食欲も同時に増進します。食欲のピークも同時に訪れます。

親にとって問題なのは、食欲のピークを迎えた2羽のヒナの餌の確保が困難なことです。仮にヒナ1羽に毎日500グラムの獲物を与えるとすると、親は食欲ピーク時には毎日1キロの獲物を確保しなければなりません。仮に親の1日当たりの獲物供給能力の上限が800グラムだとすれば、親はこの問題を解決できません。

もしここで親が時差産卵すれば、2羽のヒナの獲物要求ピークがずれます。例えば第1子の食欲がピークに達して毎日500グラムの獲物を要求するとき、第2子の獲物要求は1日当たり200グラムで収まるとします。そうすれば2羽のヒナの獲物要求は合計700グラムで、親の獲物供給能力の範囲内に収まります。また第2子の獲物要求ピークが来たときには、第1子はほぼ育ち上がり、それほど多くの獲物は必要なくなっている可能性があります。

時差産卵には別の機能も考えられます。同時産卵で生まれ、ほぼ同じ大きさに育ち、力も拮抗している2羽のヒナの餌を求める争いは、力が拮抗している分、激しくなる可能性があります。そのためヒナが怪我《けが》を負う危険があります。それよりもこの争いは、親が苦労して集めた餌から得られるはずの栄養を、どちらにとっても有害でしかない争いに空費することになります。この意味でも時差産卵は適応的であると考えられます。

前章で紹介した通り、アフリカのライオンはプライドと呼ばれる集団を形成して生活していますが、同じプライドに属するメスは姉妹、母娘、従姉妹《いとこ》などの血縁関係にあります。興味深いことに、これらのメスは発情期が一致する傾向があります。それは発情メスからある種のフェロモンが放出され、それが他のメスの発情を引き起こすためだと考えられています。

この結果メスはほとんど同時に出産することになりますが、この同時出産はいくつかの点でメス、あるいはプライドに利益をもたらします。ひとつは出産したメスはいずれも乳腺が発達しているため、自分の子だけでなく姉妹の子などほぼ同時に生まれた子に授乳できることです。実際メスたちは互いに共同して授乳し合います。この共同授乳はメスの共同狩りを可能にします。ライオンの狩りはメスが共同して狩りをすることで狩りの成功率が高まります。

もうひとつ、同時的出産によって生まれ出る子は年齢が同じですが、これはオスの子の将来の繁殖にとっていい効果を生み出します。オスの子は3歳くらいになると生まれ育ったプライドを出て放浪の旅に出ますが、このとき放浪に出るオスは同時的出産によって従兄弟など同年齢の血縁のオスと行動を共にすることができます。これはオスの子たちが他のプライドのオスを追い出して生殖の機会を見つけ出す可能性を高めます。なぜかというと、プライドの乗っ取りはオスの頭数が多いほど成功する確率が高いからです。

これらのメスの知恵に触れると、卵や子を産むことひとつをとっても、動物たちが繰り広げる本能行動に潜む奥深い自然の知恵を思い知らされます。

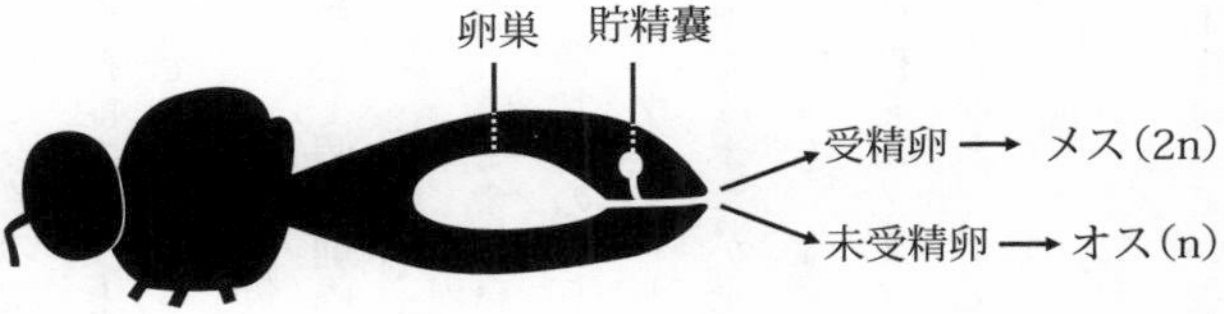

図4―1　ハチ目昆虫の性決定。メスが貯精嚢に保存していた精子で受精して産んだ（受精）卵はメス（2n）になる。一方受精しないまま産み出した卵はオス（n）になる

ハチ目昆虫の特異な性操作

ミツバチの女王がオス（息子）とメス（娘）を産み分けることは、序章で簡単に紹介しましたが、実はこのように子の性を選択し、その性の子を産み出すというまさに人智《じんち》の及ばない神業をやってのけるのはミツバチに限りません。ハチとアリから成るハチ目（膜翅目《まくしもく》）の昆虫にはこの能力があります。このようなことが可能なのは、この目の昆虫の特異な性決定様式と関係しています。

ハチ目昆虫では、メスは産卵する直前に貯精嚢に保存していた精子を小出しにし、それで卵を受精して受精卵を産みますが、卵を受精することなくそのまま未受精卵として産むこともできます。このうち前者、つまり2倍体の受精卵から発生した個体はメスになります（図4―1）。

一方、後者の半数体《はんすうたい》（一倍体）の未受精卵は未受精のまま発生することができますが、これから発生した個体はオスになります。ハチ目昆虫のメスは卵を受精するかしないかでオスとメスを産み

分けているのです。このこと自体が驚きですが、ハチ目昆虫のメスはこの息子と娘の産み分け技能を駆使して、非常に賢い繁殖を成し遂げます。

その例をキョウソヤドリコバチという寄生性のハチで見てみましょう。このハチはキョウソ（ハエ）の蛹に寄生産卵する、体長わずか3ミリメートルほどの小さなハチです。メスは普通1個の蛹に20〜40個、平均29個の卵を産みます。卵から孵化した幼虫はハエの蛹の内部を食べて育ち、やがて蛹になります。蛹から羽化した成虫は、驚いたことにそこで近親交配を行います。息子と娘が交尾するのです。

通常このような強度の近親交配は無視できない生物学的弊害をもたらすので、ウズラやシジュウカラのところで紹介したように一般の動物では厳しく回避されます。しかしハチ目昆虫ではオスが未受精卵から発生するために、兄弟姉妹交配はこの弊害を生じません。なぜかというと、オスは一倍体であるために、すべての遺伝子は対立遺伝子を持っていません。言い換えるとオスの遺伝子はすべて発現します。それゆえもしオスの遺伝子に致命的な遺伝子が含まれているとすると、その致命的遺伝子は必然的に発現し、オスの生命を奪ってしまいます。

逆にこのことは、成虫になったオスは生物学的に決定的な弊害を起こすような悪性の遺伝子を持っていないことの証明でもあります。このようなオスは仮に潜性（劣性）の悪性遺伝子を持っている姉妹と交配しても、自分の対立遺伝子がその悪性遺伝子の発現を抑制するので、生まれた子はその望ましくない遺伝子の形質発現を免れることができると考えられます。おそらくこういう理由でハチ目昆虫では兄弟姉妹交配が決して珍しくありません。

メスは息子と娘を産み分けることができること、および兄弟姉妹間の交配が可能であることのほかに、もう2つ考慮しなければならないことがあります。ひとつは次章で詳しく述べる通り、オスは通常多くのメスを受精させることができるということです。もうひとつはメスが息子と娘の比率を操作して子を産んだ場合、通常の繁殖成績（適応度）として採用される子（息子＋娘）の数は同じでも、その比率が異なると子が産み出す子、つまりメスにとっての孫の数が大きく影響されるということです。

では具体的に考えてみましょう。今、仮にこのハチのメス（母親メス）はハエの蛹に10個の卵を産めるとしましょう。そこで母親は息子を5匹、娘を5匹ずつ産んだとしましょう。するとこれらの子が成長して兄弟姉妹交配をするとき、5匹の娘はすべて兄弟によって受精されます。そして仮にそれらの娘1匹がそれぞれ10個の卵を産むと仮定すると、5匹の娘は合計で10×5＝50匹の子を産むことになります。これはすなわち母親の孫の数になります。母親は息子と娘を半々で産むと孫が50匹期待できることになります。

次に母親が息子を1匹、娘を9匹の比率で産んだとします。この場合、1匹の息子は9匹の姉妹のすべてを受精させることができます。この9匹の娘がそれぞれ10個の子を産むとすると、母親にとっての孫の数は10×9＝90匹になります。母親が産んだ子の数はどちらも10匹ですが、息子と娘の比率が違うと、孫の数はこんなにも大きく異なります。

それは母親が産んだ5匹の息子のうち、4匹は全く不要であること、またその不要のオスを産んだために孫の数を増やしてくれる娘の数を9匹から5匹に減らしてしまったということを意味します。母親は10匹の子から最大数の孫を得ようとするなら、息子は最低限の1匹に絞らなければならなかったのです。実はこのような机上の空論かと思われる作業仮説は、実験によって確かに裏付けられているのです。

このハチでは、すでに他のメスが卵を産み付けているハエの蛹に別のメスが後から多重産卵することがあります。ここで最初に産卵したメスをA、後から産卵するメスをBとします。そこで今ある蛹にAが息子を1匹、娘を9匹産んだとし、そこにBが来てさらに産卵するとします。蛹はすでにAの卵で満たされています。そこでBはただ1個の卵しか産めないとします。ではBはより多くの孫を得るためには、その1個を息子と娘のどちらにするのがいいでしょうか。

答えは息子です。なぜなら息子はAの息子1匹と9匹のメスをめぐって競争し、確率的にその半分のメス、つまり2分の9のメスを受精することが期待されます。そしてそれから合計9＋2×10＝45匹の孫を得ることができます。もしここでBが1個の卵を娘として産んだとすると、Bはその娘から10匹の孫を得るにとどまります。実際、Bはこの予測と違わない性比で息子と娘を産み分けています。

ではBはすでにAによって産卵されているハエの蛹に卵を2個、3個、……産めるとしたら、Bはどのような性比で子を産むのがいいでしょうか。ある研究者はこれについて最適な性比は何かを理論数式を立てて実験しました。驚いたことに後から多重産卵するメスは、その理論式が示唆する性比で産卵していることが確かめられました。

ハチ目昆虫のメスの性比調節は、この目の性決定様式が特異なために進化したと考えられます。それゆえこれは哺乳類など、他の動物では期待できないと考えるのは、至極当然と思われます。しかし事実はそうではありません。アカシカやキタオポッサムでも、メスによる性比調節が知られています。またアカゲザルなどの霊長類では、メスが置かれた社会的地位に応じて息子と娘を産み分けていることが知られています。

未亡人メスの天才的オス操作術

交尾を終え、産卵あるいは出産を終えた後、主として鳥類と哺乳類では子育ての仕事が待っています。この子育てでは誰が子育てを行うかなどをめぐって、オスとメスの利害の衝突が起こることが珍しくありません。

ヨーロッパ産のイエスズメはその典型的な動物の一種です。このスズメは通常、4月中旬から8月上旬にかけて2回繁殖します。婚姻形態は基本的に一夫一妻制ですが、2羽のメスとつがいを形成し、一夫二妻で繁殖するオスも観察されています。調査によると、一夫二妻で繁殖したオスはオス全体の11パーセントでした。

問題は一夫二妻で繁殖することになったオスの父親としての行動と、それによって生じる2羽のメスの間の利害対立です。まず2羽の妻を得たオスの振る舞いですが、このオスは両方のメスの子の子育てをするのではなく、1羽のメスの子の子育てしかしません。オスは早く生殖し早くヒナを孵したメスの巣にとどまり、そこの子育てを手伝うのです。

早くヒナを孵したメスを第1メス、遅れてヒナを孵したメスを第2メスとすると、第1メスは夫の協力を得て子育てできるので、一夫一妻で繁殖したメスと同等の子育て協力をオスから得ることができます。しかし第2メスはその協力が得られません。鳥の子育てはシジュウカラのヒナへの給餌について紹介した通り、つがいの2羽が協力して行っても大変な重労働です。そんな状況下でメス単独の子育てを強いられる第2メスの子育ては苦境に立たされます。

興味深いことは、この状況下でとる第2メスの行動です。第2メスは隙を見て第1メスの巣に忍び込み、そこのヒナを突き殺したのです。この第２メスによる子殺しは大きな効果を発揮します。第１メスのヒナがすべて突き殺されたとき、オスは第１メスの巣を去り、第２メスの巣にやってきて、そこで第２メスとの間に生まれた子の子育てを行うようになったのです。第２メスは子殺しによって夫の父親としての労働奉仕を勝ち取ったことになります。

オスが第２メスの子育てを手伝うことは、オスにとっても生物学的利益があります。もしオスが子育てを手伝わないとすると、残されたメスは満足にヒナを育てられない可能性が高く、第２メスは大きな損失を被ります。

しかしその場合、その損失は同時にオスの損失でもあります。子殺しによってオスに残された子は、もはや第２メスとの間に生まれた子しかいません。それがこの繁殖期にオスが望める子の最大数です。オスが第２メスの巣を放棄すれば、その最大繁殖成績をみすみす減じてしまいます。オスは、子殺ししたメスを手伝うことに専心しなければならず、間違っても「恨み」などを持って反撃してはならないのです。何があろうとも第２メスを手伝うのがオスにとって最終かつ最善の道です。このように否応《いやおう》なくオスを子育てに誘導するメスの子殺しには、驚きの念を禁じ得ません。

第5章　オスとメスの立場と都合

同じ種の動物でありながら、生殖をめぐる諸々《もろもろ》の行動で全く違う振る舞いをするオスとメス。なにゆえにオスとメスには、かくも大きな違いが存在するのでしょうか。その原因を追究していくと、生殖をめぐるオスとメスの越えがたい立場の違いが見えてきます。

生殖で動物が目指していること

ほとんどすべての動物は、通常2個体が生殖専門に特殊化した生殖細胞を出し合い、それを合体して生殖を行います。この生殖細胞には形や大きさが顕著に異なる2つの種類があります。ひとつは顕微鏡でしか見えない極端に小さな生殖細胞で、精子と呼ばれています。典型的な精子はラグビーボールのような形をした頭部と、それから伸び出る長くて細い鞭《むち》のような鞭毛《べんもう》とから成っています。頭部には遺伝物質であるＤＮＡ（デオキシリボ核酸）が格納されています。一方鞭毛は頭部を相手の生殖細胞にまで運ぶ運動器官です。鞭毛の基部にはその鞭毛運動のためのエネルギー物質が詰め込まれています。

もうひとつの生殖細胞は丸くて大きな細胞で、卵子と呼ばれています。卵子には鞭毛のような運動器官はありません。したがって卵子は動きません。その代わりに卵子には大量の栄養物質が詰め込まれています。卵子が精子に比べて桁違いに大きいのは、その中に詰め込まれた大量の栄養物質のためです。

精子と卵子を生産する個体はそれぞれオスとメスと呼ばれます。オスとメスの違いは、例えばアカシカやライオンのオスのように、オスには大きな角やタテガミがあるなど、外から見て容易にそれと判別できる動物も数多くいますが、サンマやスズメなどのように外見的には区別が難しい動物もたくさんいます。それゆえこれらの外部形態の特徴は、動物一般のオスとメスを規定する特徴にはなり得ません。その点、この生殖細胞の違いはすべての動物に共通する一般的特徴で、オスとメスを判別するための決定的特徴になっています。

精子と卵子の合体を通して行われる生殖は有性生殖と呼ばれます。有性生殖では、精子が卵子にたどり着くことから始まります。卵子に到達した精子は頭部の中のDNAを卵子の中に注入します。ここで卵子の中に送り込まれるのはオスのDNAだけで、鞭毛や鞭毛を駆動するためのエネルギー物質などを含め、DNA以外のものは卵子に入りません。このようにしてオスのDNAが卵子に入ったところで受精が成立します。

これからも分かる通り、オスあるいは精子が受精で実行しているのは、自分のDNAを卵子の中に送り込むことだけです。DNAは動物のすべてを作り上げる設計図です。動物に必要なすべての組織や器官を作り上げ、それらに必要なすべての機能を与え、そして生を営むことを可能にしている設計図。それがほかならぬDNAで、それを卵子の中に送り込むことがオスが生殖で実行している唯一の作業であり、オスの唯一の目的です。

このことはメスについても同じです。メスはDNAのほかに細胞の一式を提供してはいますが、受精卵の中に自分の性質を伝える遺伝的物資であるDNAを遺している点はオスと同じです。

オスとメスのDNAはこの後、一緒に受精卵の発生を引き起こし、そして最終的にオスと

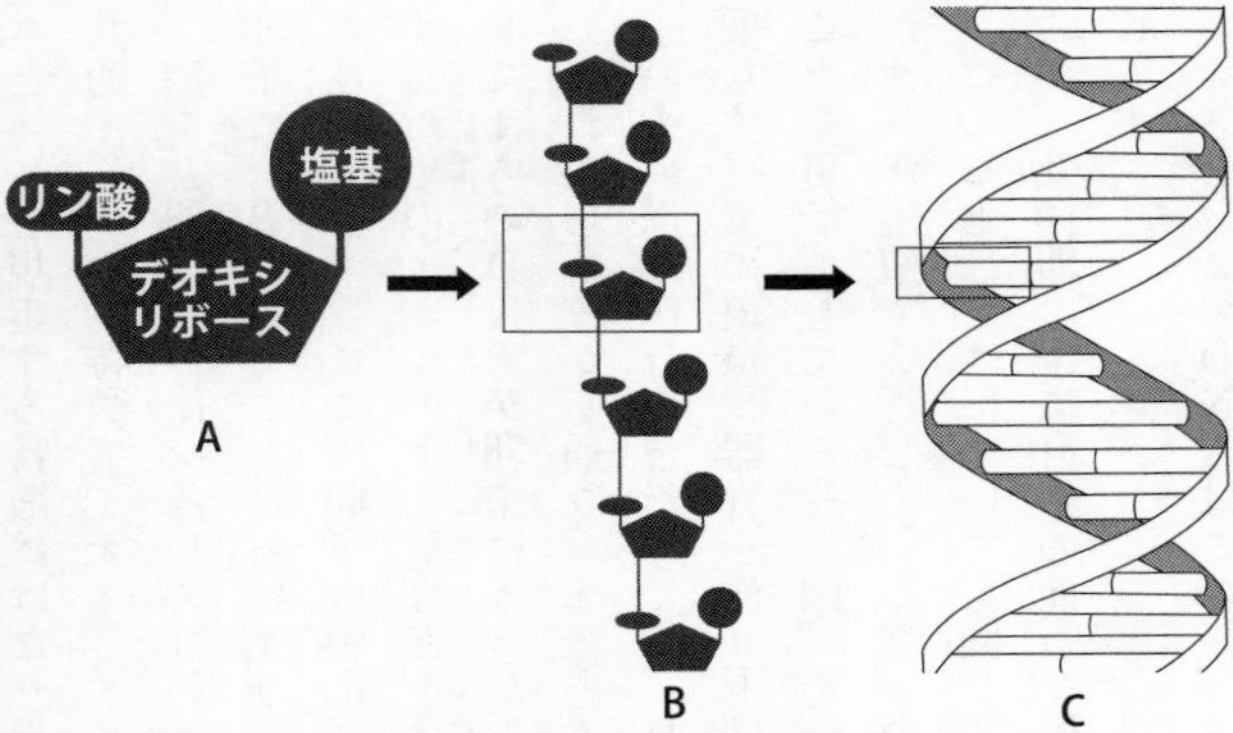

図5—1　DNAの化学構造。A：ヌクレオチド　B：1本鎖DNA　C：2本鎖DNA（二重螺旋）

メスの特徴を引き継ぐ個体を作り上げます。これを別の角度から見ると、生殖はオスとメスが受精卵という第三者の中に自分のDNAあるいは遺伝子を送り込むこと、換言するとそれを複製することであることが分かります。自己の遺伝子の複製。それが生殖の真の目的です。

生殖利得の中味

今では多くの方がご存知《ぞんじ》かと思いますが、遺伝物質のDNAはヌクレオチドという化学物質によって構成されています（図5—1）。ヌクレオチドはリン酸とデオキシリボース、および塩基から成る化学物質ですが、塩基は4種類あるのでヌクレオチドも4種類あります。この4種類のヌクレオチドがいろいろな順番で縦に結合して構築されるヌクレオチドの鎖は1本鎖DNAと呼ばれ、それがもう1本の1本鎖DNAと互いの塩基同士で結合して構築されるDNA鎖が2本鎖DNAです。DNAは普通この2本鎖DNAの形で存在しています。2本鎖DNAはその化学的性質から螺旋状《らせんじょう》の形をとりますが、これはDNAの二重螺旋と呼ばれます。遺伝子はこの4種類のヌクレオチド、あるいは4種類の塩基の並び方として暗号化されています。

螺旋構造の2本鎖DNAは通常いくつかに分割され、細胞の核の中に格納されています。例えば人では、2本鎖DNAは長さの異なる23本に分割されています。分割された2本鎖DNAはそれぞれ実に巧妙な方法で折りたたまれてパックされ、染色体という棒状の構造にまとめ上げられています。染色体は分割された2本鎖DNAの長さによって大きさや形が異なるため、互いに見分けることができます。

人の場合、ひとつの細胞に1セット23本の染色体が2セット、合計46本の染色体が存在します。このうち1セット23本は父親由来の染色体で、他の1セット23本は母親由来の染色体です。因みに父親または母親由来の1セット23本の染色体のDNAをすべて引き延ばすと、およそ1メートルになります。したがって両親から受け継いだ46本の染色体に含まれるDNAの長さは約2メートルということになります。人の体を構成する細胞は三十数兆〜数十兆個と推測されていますが、そのすべての細胞に2メートルのDNAが格納されています。にわかには信じられませんが、これは確かなことです。

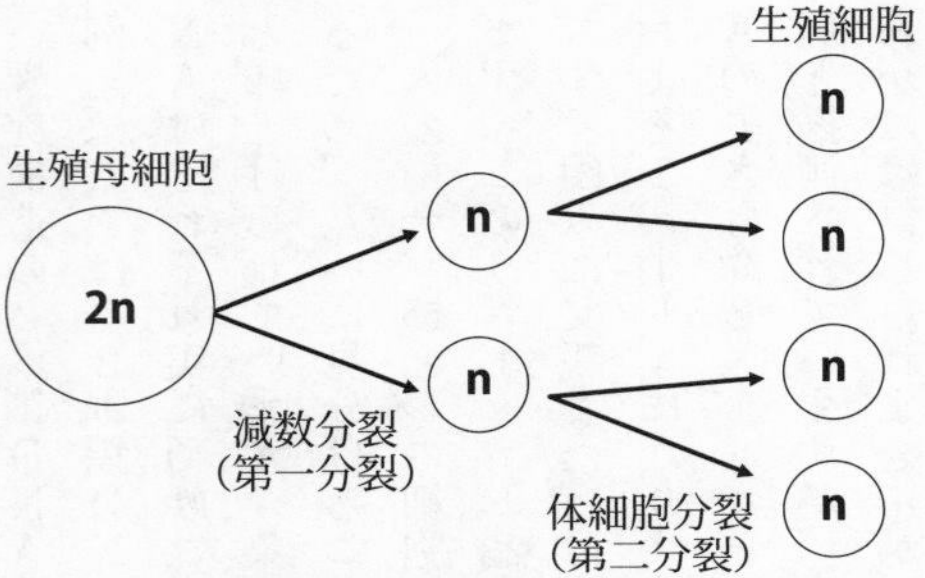

図５―２　生殖細胞の形成過程の簡略模式図。生殖母細胞にはｎ個の染色体が１対（=2n）存在するが、減数分裂を経て形成された生殖細胞にはその半数（=n）が存在する。１個の生殖母細胞から４個の生殖細胞が形成される

　少し脇道にそれましたが、これは生殖細胞に含まれるDNA量はそれ以外のすべての細胞に含まれるDNA量の半分であることを知ってもらうためです。精子と卵子はそれぞれ精巣と卵巣に存在する精母細胞と卵母細胞から作られますが、人の場合これらの両母細胞には、他の細胞と同じ23対《つい》46本の染色体が存在します。しかし両母細胞から精子と卵子が形成される過程で減数分裂という特殊な分裂を経過します。この減数分裂でひとつの細胞に含まれていた46本の染色体は23本の染色体に半減します（図５―２）。

　こうして出来上がった精子と卵子には、他の細胞の半数の染色体あるいはDNA量しか含まれないことになります。23本に減数した細胞の中の染色体の顔ぶれは、ランダムに決まります。23本のうちの10本は父親由来で、残りの13本は母親由来であることもあるし、５本が父親由来で18本が母親由来であることもあります。極めて小さい確率ですが、理論的には23本全部がどちらかの一方の親の染色体で占められる

こともあり得ます。

いずれにせよ、こうしてして出来上がった精子と卵子の中には、通常の細胞の半分のDNAしか含まれていません。この精子と卵子が融合してできた受精卵の染色体数は、2対46本に復元しますが、動物のオスとメスから見ると、両者はどちらも生産した子1個体当たり、自分が所有する染色体あるいは遺伝子の半分を複製することになります。これがオスとメスが生殖で得る真の利得です。もしオスあるいはメスが自分の中にある遺伝子の全量をそっくり複製しようとするなら、両者は計算上それぞれ2個体以上の子を生産しなければなりません。

こうして生産された受精卵は遺伝子の指示に従って細胞分裂し、分化していろいろな組織や器官を作り上げ、そしてオスとメスの特徴を引き継ぐ個体に成長していきます。

生殖細胞に隠された非対称

以上のようにオスとメスが生殖を通して得る生殖利得は、どちらも新しい個体（子）の中に自分の遺伝子量の半分を複製あるいは再生産することで、この点両者の利得は同じです。ところがこれを得るために両者が費やす物質的コストは天と地ほどの差があります。それが先に述べた精子と卵子の大きさの違いです。卵子が精子に比べて桁違いに大きいことです。

この違いは例えばウズラなどの鳥類の卵と精子を比べれば一目瞭然です。ウズラの卵は人の親指の先くらいの大きさがありますが、卵1個に相当する精子1個は顕微鏡を使ってようやく見える程度の大きさしかありません。繰り返しになりますが、これは卵に卵黄や卵白など大量の栄養物質が詰め込まれているからです。

問題はこの卵を準備したのが、メスだということです。メスが生殖に先立って、せっせと努力して蓄積した栄養物質を含んだ貴重な生殖細胞。それが卵です。卵の蓄積栄養物質は、もちろん受精卵の分裂など、胚《はい》の発生のために使われます。ウズラの場合、受精卵はおよそ17〜18日後にヒナとなって孵ります。これは卵がヒナ1羽を作り上げるのに必要な栄養物質を含んでいることを意味しています。ヒナの嘴も目も、脚も羽もすべてメスが蓄積した栄養物質をもとに作り上げられます。ここでは精子あるいはオスは何の寄与もしていません。生殖の基礎をなす2種の生殖細胞。その生殖細胞にはかくも大きな非対称が存在しています。

このような栄養豊富な卵は、他の動物にとって大変魅力的な餌になります。それゆえ鳥の卵を狙う動物はたくさん存在します。第2章で述べたように、エジプトハゲワシはダチョウの卵を割って食べますが、ホッキョクギツネも当地で繁殖する水鳥の卵を好んで食べます。アオダイショウなどの多くのヘビも鳥の卵が大好きです。川底に産み出された魚の卵は、これを貪り食う他の魚の格好の標的です。キイロタマゴバチのメスはアゲハチョウの卵に数個の卵を寄生産卵します。卵から孵化したハチの幼虫はアゲハチョウの卵を食べて育ちますが、このように小さな卵でもハチを育てるのに十分の栄養物質が含まれています。

哺乳類の場合、オスとメスの間にはこのほかに大変重要な非対称があります。ご存知の通り、哺乳類では受精卵はメスの子宮内で発生します。この受精卵を保護し、発生に必要な栄養を供給するのはすべてメスです。大きくなった胎児はその分、より多くの栄養を要求するだけでなく、文字通りメスを身重にしてメスの採餌や防衛のための行動を妨げます。

分娩《ぶんべん》でもメスは苦労を強いられますが、その後の新生児の保護と新生児への授乳は、さらにメスに負担をかけます。メスは新生児が体温を失わないように覆いかぶさって保温し、新生児の排尿や排便を促し、授乳を続けます。住み処が危険となれば子をくわえて安全な場所に引っ越すのもメスの仕事です。この間、およそ95パーセント以上の哺乳類では、オスは何ひとつ子育ての仕事にかかわりません。それどころか、オスは次なる生殖を目指して、他のメスとの生殖の活動を続けます。

非対称が作り出すオス余りとメス不足

以上の通り、オスとメスでは生殖を通して得る利得が等しい反面、それを得るために消費している栄養物質は圧倒的にメスが多い、という顕著な非対称が認められます。この非対称は、オスとメスの関係に大きな影響を与えます。繁殖期に生殖に臨めるオスとメスの数に対する影響です。

ではそれはどんなことでしょうか。オスとメスの数はほとんどの動物でほぼ同数です。しかしある繁殖期に実際に生殖に参加できるオスとメスの数には大きな差異が生じます。その差異を生み出すのがオスとメスの生殖細胞間に存在する非対称です。

なぜそうなるのかというと、メスは卵に大量の栄養物質を蓄積しなければならないので、卵の生産あるいは生殖の準備により長い時間がかかります。メスは一度生殖で卵を使うと、次の卵の準備ができるまでに相当の時間が必要です。このため多くの動物では、メスは卵を受精させると、その同じ繁殖期に次の卵の生産が間に合いません。このことは交尾して受精したメスは、再び生殖に参加することができないメスであり、その繁殖期は生殖の場から退場するメスであることを意味します。オスとメスの繁殖集団では、交尾に伴って生殖可能なメスが減少していくのです。

これに対してオスはあるメスとの生殖で精子を消費しても、ほとんど間を置くことなく精子を生産し、次の生殖に臨むことができます。例えば人の場合、女性は一度妊娠するとその後のおよそ10か月は、いかに生殖努力を重ねても新しい受精卵を作ることはできません。一方男性はその間に機会さえあれば何十人分もの受精卵を生産することができます。ほとんど毎日卵を受精するだけの精子を生産できるからです。実際ある男性の生涯に遺した子の数が800人を超えるという事例が報告されています。

このように生殖細胞の非対称は、ある繁殖期に実際に生殖に臨むことができるオスとメスの数に大きな偏りをもたらします。実際に効果的な生殖能力を持つオスが、同様の能力を持つメスよりも圧倒的に多いのです。当然の結果として、動物の繁殖集団では相対的にオスが余り、メスが不足します。1繁殖期で優に数十頭のメスを妊娠させることができるアザラシなどのハレム繁殖集団では、オスの立場から見ると極端なメス不足になっています。

ある繁殖期に実際に生殖に臨めるオスとメスの数比は、実効性比と呼ばれます。動物の生殖現場では、ここで例に挙げたアザラシだけでなく、実効性比は一般にオスに大きく偏っています。オスが相対的に多く、余っているのです。この事実は生殖に関するオスとメスの立場を規定し、それゆえにオスとメスが生殖でいかに振る舞うのがよいかにも重要な影響を与えます。

つまり相対的に過剰なオスは相対的に希少なメスをめぐって、同性のオスと競争しなければなりません。のんびり構えるオスは、ぬかりなく機会を捉えてメスを探し回るオスに希少なメスを奪われてしまい、生殖の機会を失ってしまいます。これは、そのようなのんびり性質を持つオスは、その性質を受け継ぐ子を遺す確率が小さいことを意味します。逆に少しでも他に先んじてメスを獲得し、受精するオスこそより多くのメスを受精し、その性質を受け継ぐ子をより多く遺します。

これが動物界一般のオスが置かれている立場です。第3章で紹介したオスがメスを獲得するために行う数々の行動は、まさにオスのこの立場を反映するものだったのです。因みにここでオスが支払っている行動コストはメスのそれの比ではありません。縄張りの設定に多くの時間とエネルギーを割《さ》き、自己アピールのために着飾ったり声をからしてさえずったりするなど、奮闘します。ライバルのオスとの闘争では、その後の生殖が不可能になるような深手を負うこともあります。ある種のカエルのオスはメスにラブコールを送って誘引しますが、このラブコールは捕食者のコウモリをも誘引します。そのためオスはそこで命を落とすこともあるのです。

一方のメスの立場はオスと正反対です。希少なメスは黙っていても複数のオスの訪問を受ける立場にいます。動物の生殖の場はメスの売り手市場なので、メスはオスを選ぶ機会が与えられています。そういう生殖環境では、複数のオスの中から自分の生殖利益を高めるオスを選ぶことは自然淘汰上、理にかなっています。実際、メスがこの立場を利用して賢く振る舞っていることは、第4章で紹介した通りです。

このように生殖に関連する行動を見ると、オスが一方的に大きなコストを強いられていることが分かります。ここでは生殖細胞の場合とは逆にオスに大きな負担がかかっています。このオスの行動的負担は、メスの卵子に対する大きな負担と同等と考えられます。詳しくは省略しますが、オスとメスの数比が一般的に1であることなどから、メスが生殖細胞に投入するコストは、オスが生殖関連行動に投入するコストと見合っていると考えられます。

オスとメスの立場の逆転

動物の生殖の場ではここに述べた通り、実効性比が重要な意味を持ち、オスとメスの行動を基本的に決定づけています。この基本原則が正しいかどうかは、普通のオスとメスの関係とは逆の関係にあるいくつかの動物で検証されています。

オーストラリアに棲息しているモルモンコオロギは、オスが音を発してメスを誘引します。これに反応して近づいてきたメスは、オスの背に乗って交尾の姿勢をとります。もしここで交尾が成立する場合は、オスは精子を送り込むと同時に精包物質も送り込みます。送り込む精包物質は量が大変多いため、メスの生殖口から外にあふれ出ます。第4章で述べた通り、この精包物質はオスからメスに贈られる結納品で、メスは交尾後にこれを食べます。

問題はこの結納品のボリュームが大変多いことです。オスが1回の交尾で送り込む精包物質の量は、オスの体重の4分の1にも及びます。これほどの精包物質は、交尾で消費すると容易に再生産することができません。このためオスの交尾回数は繁殖期間中にほとんど1回しかないと見られています。一方、メスの卵形成はこれに比べればより容易で、餌環境がいいとメスは繁殖期に数回の交尾を行うのに十分な量の卵を生産することができます。

その結果、この種では繁殖期に交尾できるオスとメスの数を比較すると、明らかにメスが多くなります。実効性比がメスに偏っているのです。これから予測されるオスとメスの行動は、もし生殖における実行性比についての基本原則が正しければ、異性を求めて競争するのはメスであり、それを選択するのはオスであるはずです。

観察の結果、この基本原則は正しいことが裏付けられました。メスはオスの誘引音を聞きつけると互いに押し合いへし合いしながら争ってオスのところに駆けつけました。そしてオスに近づくや否や、オスの背に乗り上がります。キリギリスやバッタではこのようにメスがオスの背に乗って交尾するので、メスのこの行動はメスが交尾に入ろうとしていることを示しています。

ところがオスはここで興味深い対応を見せます。オスはすぐに交尾に入ることもありますが、交尾をしないで交尾の姿勢を解きほぐしてしまうこともあるのです。調べてみると、交尾したメスは体重が3・5グラム以上のメスで、交尾しなかったメスは3・2グラム以下でした。

オスは大きくて重いメスを交尾相手として選んでいたのです。重いメスは軽いメスより産卵数が50パーセント以上多いことが分かっていますが、この観察はオスは貴重な精包物質をより有効に使うために、より多くの子を産んでくれるメスを選択していたことを示していま す。この結果は実効性比についての基本原則が正しいことを示しています。

同様のことは他の動物でも知られています。オドリバエではオスとメスが生殖のために群集を作り、その中でオスはメスを引き付けるために昆虫の獲物を使います。しかしその獲物狩りが容易ではないために、オスは獲物狩りに長時間を要し、結果的に生殖群集に参加するオスの数が少なくなります。その結果、オドリバエの生殖群集では実効性比がメスに偏ることになり、通常のオスとメスの立場が逆転しています。それに伴ってオスとメスの行動も逆転しています。

昆虫以外でもタツノオトシゴや、マダライソシギなどでも生殖についての基本原則は実証的研究によって裏付けられています。オーストラリアに棲息しているヤセキリギリスは草本植物の花粉を餌にしていますが、この花粉の量が季節によって大きく変動します。その結果オスの精包生産速度が変化し、それが実効性比に影響を与えます。それに伴って、オスとメスの生殖における立場が変化し、オスとメスの行動も基本原則に沿って変化します。

性転換で稼ぐ魚

繰り返しになりますが、動物界では相対的にオス余り、メス不足が一般的です。つまり一般的にメスは相手のオスが見つからなくて生殖の機会を得そこなうという可能性は通常はありません。メス不足に悩むオスは卵や子を産む可能性のあるメスなら、生殖相手として必ずしも理想的なメスでなくても、これを放っておくことがないからです。モンシロチョウのオスは、老齢でほとんど卵を持っていないと思われる、翅がボロボロになっているメスであっても、これを見つけるや否や交尾を仕掛けます。

オスには首尾よく複数のメスと生殖し、多くの子を遺すものがいる一方で、ライバルとのメス獲得競争やメスの説得に失敗して生殖できずに終わってしまうものもいます。生殖で大きな成功を収める可能性がある一方で、それに失敗する危険も少なからず存在します。それがオスの立場です。言うなればオスは投機的な性といってもいいかもしれません。うまくいけばとても多くの子を遺すことができますが、その一方で失敗のリスクも大きいのです。

驚いたことに、このオスとメスの生殖に関する利点をうまく活用する動物がいます。つまりまだ十分に成長していないために、ライバルのオスとの戦いに勝てる見込みがないときは、オスではなくメスとして生殖に臨み、強健に成長してライバルのオスとの戦いに勝つ可能性が高くなったときに、改めてオスとして生殖に臨むという、奇想天外な生殖を行う動物です。

このためには生涯のある時期にメスからオスへと性転換しなければなりません。こんなことは、とても信じがたくて普通は机上の空論としか思われません。

しかしそういう動物が確かに存在します。例えばニシキベラというベラ科の魚です。この魚はサンゴ礁に棲息しています。ここで生殖に臨むオスは縄張りを作ります。もちろんこれを実現するためには、ライバルのオスとの縄張り争いに勝たなければなりません。この戦いに勝つオスは年長の大きくてきれいな体色のオスです。縄張りを持つこういうきれいなオスはメスにとって魅力的なオスなので、多くのメスを惹き付けます。こうして縄張りオスは一夫多妻で生殖します。こういうわけで若いオスには生殖の機会がほとんどありません。

一方この種のメスはオスよりも若齢で生殖します。確かに若齢で小さいため、より年長のメスほどには多くの卵を産むことはできません。しかしそんなメスでも卵さえ生んでくれれば、オスは大歓迎です。こうしてメスは若齢期でも一定数の子を遺します。このメスと同齢のオスはまだ体が小さくて、縄張りオスにはとてもかなわないので、生殖の機会を得ることはほとんどないことを考えると、これはメスの特権です。

そこでもし若齢のときはメスとして生殖に臨み、いくばくかの子を遺したうえで、その後年齢を重ねて大きくなったところでオスになって一夫多妻で生殖することができるなら、その個体の生涯の繁殖成績はどちらか一方の性で生殖するよりも多くの子を遺せるはずです。

ニシキベラでは、例えば縄張りオスが何らかの理由でいなくなった場合、残ったメスの中で一番大きいメスが性転換をします。卵巣の隅の方に残っていた未発達の精巣が成長を始めるのです。それに伴って体の色も徐々に美しいオスの色に変わっていきます。行動もメス型からオス型へと変化していきます。こうしてかつてのメスは縄張りオスとして生殖に臨みます。結局ニシキベラは、生涯の若い時期をメスとして生き、後半をオスとして生きることで、生涯の繁殖成績を高めています。

これと逆の方向の性転換を行う魚も知られています。イソギンチャクと共生している小型の魚のクマノミです。このクマノミはイソギンチャクを住み処に一夫一妻で生殖します。この繁殖ペアは大きさに違いがあります。大きい方は常にメスで、小さい方がオスで、メスの体重はオスの体重の1・6倍です。

一夫一妻で生殖するこれらのクマノミの繁殖ペアが、小さいオスと大きいメスで構成されていることは、繁殖ペアの繁殖成績を高める意味で大変合理的な組み合わせです。なぜなら一夫一妻のペアの繁殖成績はメスの卵生産能力あるいは産卵数が制限要因になるからです。その点、体の大きい方がメスになる方がその逆の組み合わせより繁殖ペアの繁殖成績は高くなります。

さて、このクマノミでも、性転換は繁殖ペアのメスが何らかの理由で住み処のイソギンチャクから姿を消したときに起こります。その空席を埋めるように、それまでオスとして振る舞っていた個体がメスへと性転換するのです。オスの時代に精巣の中に埋もれていたメスの組織が徐々に発達して卵巣になり、卵を生産するようになります。こうしてオスはおよそ2か月ほどで性転換を終え、完全なメスになります。

一方、性転換したかつてのオスが占めていた席は空席になりますが、この席はすぐに別のオスによって埋められます。残ったオスの中で最も大きなオスが、他のより小さいオスを押しのけて生殖オスの座につきます。そして性転換してメスになった個体と協力して生殖を続けていきます。

性転換をする魚はおよそ400種くらいと見積もられていますが、中にはダルマハゼのように、メスからオスに性転換した個体が、再びメスに逆戻りの性転換をする種も知られています。

「本能」の吟味に向けて

以上、第3章から第5章で述べてきた通り、自己の遺伝子の、より多い複製を目指すオスとメスの行動に隠された「知恵」は本当に驚くばかりです。このような「知恵」はいかにして動物に備わってきたのでしょうか。

動物は生殖齢に達するまで、餌の取得や防衛などいろいろな行動を経験しています。しかし大雑把《おおざっぱ》に見ると、動物は生殖期以前には、生殖行動そのものを含め、関連する求愛行動を経験することは実質的にないといっても間違いではありません。生殖相手の異性の特定から、その異性への求愛の仕方、針の孔《あな》を貫くような微妙な行動的調整が必要な交尾器官の機械的結合、産卵植物などの卵を産む適切な対象や場所の選定などから、抱卵や子供の保温や授乳、捕らえてきた獲物をヒナが食べられる大きさに刻んで与える給餌など、動物が生殖で必要に迫られるこれらの生殖関連の行動は、動物にとっては基本的にはじめての経験であると考えられます。

それゆえ本書ではこれまでのところ、これらの行動は基本的に本能行動であるとみなし、本能かどうかの吟味をすることなく述べてきました。しかし本能という専門用語には、誤解を招くあいまいさがあります。典型的にはある人が本能とした行動を、他の人が本能ではないと否定することも珍しくはありません。本能についての本書はこれに目をつむって通り過ぎるわけにはいきません。

そこで続く2つの章では、本能についてのあいまいさ、あるいは不完全さとは何かについて吟味し、さらにそれを乗り越える道について、私なりに模索してみたいと思います。

第6章　行動を組み立てる多様な組織器官

本能については常にある種の誤解や混乱が付きまとっています。それはどういうことでしょうか。またその原因は何でしょうか。本章ではこの問題について考察し、本能の核心に迫ります。

巣の中で行う鳥のヒナの羽ばたき運動のように、新生児や幼体に見られるこのような行動は、後に完成される行動の予行演習として理解される場合があります。もしそのような理解だと、その行動は予行演習を通して習得的に完成したと判断されます。しかしこの判断をするためには、単なる観察だけでなく実証的に検証して確かめる必要があります。次にその一例を紹介します。

鳥の翼は折りたたみができる飛翔器官です。そのため翼には肘と手首の関節に相当する関節のほか、指の関節に当たる関節もあります。鳥は翼を使わないときはこれらの関節で翼を折り曲げ、たたむことができます。

このような関節のある翼を羽ばたいて飛ぶことは、羽ばたきにかかわる多くの筋の高度に協調的な活動なくして実現することはできません。多くの飛翔筋を、どんなタイミングで、どれくらい強く、またどれくらい長く収縮するかなどが問われます。関連する多くの筋肉の協調的活動なくして、鳥の飛翔は実現しないでしょう。

こういうわけで、鳥のヒナが巣立ちするとき、あらかじめ羽ばたきの練習をしていないヒナが、巣立ち時の最初の飛翔で正常に飛び立つことは期待しにくいと考えられます。

しかし事実は必ずしもそうでないことがハトで示されています。この実験では、筒に入れて羽ばたきができない状態で成長したハトのヒナが、巣立ちに当たる日になったときに、羽ばたいて巣立ちできるかどうかが試されました。その結果、ヒナは最初から正常な羽ばたきで飛び立ち、正常に飛翔しました。羽ばたきの練習をしなくても、正常で機能的な飛翔が実行できたのです。

ハトの羽ばたきが、事前の練習なしに正常に発達したのは、羽ばたきにかかわる骨格や筋肉などの組織や器官が、羽ばたきの練習がなくても正常に発生を遂げたことを示しています。このように、特に練習をしなくても組織や器官の発生に伴って行動が発達する場合、それは行動の成熟と呼ばれ、行動の習得的発達と区別されます。

この事実は行動が本能と学習のどちらによって構成されるかを判断するときに、慎重であらねばならないことを示唆しています。ある種の行動が、練習を通して発達する習得的行動に見えても、実は生得的行動（本能）である場合があり得るからです。私の想像ではこのようなケースは案外多いように思います。

報酬なしで上達するヒヨコのつつき

同様のことはニワトリのヒナ（ヒヨコ）で実験的に証明されました。ヒヨコは孵化後間もなく餌をついばみはじめますが、このついばみ行動も一見、練習あるいは経験を必要とするように見えます。なぜなら、ついばみははじめは餌から外れることが多いのですが、繰り返し餌をついばんでいるうちに嘴が正確に餌に命中するようになるからです。しかし、これももしかしたら習得的行動ではなくて行動の成熟によるものではないだろうか——。

そこである研究者がこの推論が正しいかどうかを実験で検証しました。この実験ではヒヨコに、像が右に3センチずれて見える特殊な眼鏡を装着し、ついばみの精度が上がるかどうかを調べました。

眼鏡を装着していないヒヨコは、はじめはつつきの命中度がやや不正確でしたが、3日目にはつつきは餌を中心とした狭い範囲に集中するようになり、精度が顕著に上達しました。一方、眼鏡をかけたヒヨコはどうでしょうか。このヒヨコも最初の日はつつきの命中度は低くばらついていました。それも眼鏡なしのヒヨコと違って、つつきははっきりと餌の右3センチのスポットの周りに向けられていました。ところが3日目になると、つつきは餌の右3センチのスポットを中心に狭い範囲に集中するようになり、つつきが上達していることを示していました。

この実験では、眼鏡なしのヒヨコはつつきが餌に命中すれば餌を食べることができます。この餌は、試行錯誤学習の構成要素のひとつである報酬の役割を演じています。つまり試行錯誤しながら幸運にもつつきが命中して餌を食べたヒヨコは、それが報酬となって試行錯誤学習が進行し、そのスポットをより正確につつくようになったと考えられます。

一方、眼鏡をつけたヒヨコは、眼鏡のためにいくらつついても餌に命中しません。もちろん報酬は得られません。それゆえ実験者の実験前の予想は、試行錯誤学習が成立しないのでヒヨコのつつきの精度は向上しない、というものでした。しかし、この実験はその仮説を明瞭に否定しています。ヒヨコは餌の報酬なしでもつつきの精度を上げたのです。結局この研究者は、ヒヨコの餌ついばみ行動の上達は、餌をつつくことにかかわる神経–筋肉系のメカニズムが、日齢を重ねるにつれて成熟したためだと結論しました。

以上、前項と本項で述べたハトとヒヨコの行動発達は、行動の土台になっている神経や組織や器官の発生学的な成熟に伴って成熟する本能行動の例ですが、このように確かな検証的事実がないのにこれを習得的行動とみなすことが、本能行動についての誤解を招く理由のひとつになっています。

複数の組織・器官の関与の見落とし

本能に誤解や混乱をもたらしているもうひとつの主要な原因は、本能行動も含め、行動は一般的に異なる複数の組織や器官がかかわって構成される複合形質である、という事実の見落としです。これをある種の鳥のヒナの防衛行動を例にとって説明します。

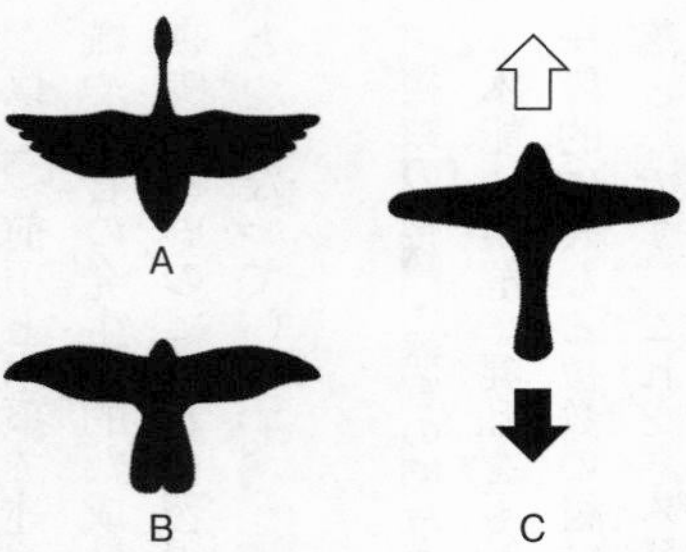

図６―１　無害の鳥（Ａ）と猛禽類（Ｂ）の形。Ｃは単純化した鳥模型で、ヒナはこれを白矢印方向に飛ばすと防衛反応を示すが、黒矢印方向に飛ばすと防衛反応を示さない

生後何日か経《た》ったニワトリやシチメンチョウ、ガンやカモなどのヒナは、彼らを襲って捕食するワシやタカなどの猛禽類が上空を飛んでいるのを見つけると、地面に身を伏せてうずくまり、動きを止めて捕食者に見つからないようにします。捕食者に対する防衛行動です。これに対してこれらのヒナは、ガンやハクチョウなど、彼らを襲うことがない無害の鳥に対してはこの防衛行動をとりません。

猛禽類と無害の鳥との違いは、飛んでいるときの鳥の形の違いにあります。猛禽類は一般に首が短いため、翼の前に突き出ている頭部が短い一方で、尾羽《おばね》が比較的長いことが特徴になっています。短い頭部に長い尾、というのが猛禽類の一般的な特徴なのです。それに対してハクチョウなど無害の鳥は、逆に首が長く尾羽が短いのが特徴です（図６―１）。

そこでこれらの特徴を備えた鳥模型を作り、それをヒナの上空で飛ばしてヒナの反応を観察した結果、生後はじめて猛禽類や無害の鳥を見たヒナは、猛禽類と無害の鳥の両方の模型に対して防衛反応を示しました。それどころか、ヒナは上空から舞い落ちる木の葉にさえ、うずくまり反応を示すことがありました。ヒナは猛禽類と無害の鳥の識別だけでなく、それらと木の葉との違いも区別していませんでした。

そこで無害の鳥模型をヒナに提示する実験を繰り返します。一方で猛禽類の模型はヒナに見せません。するとヒナの無害の鳥模型に対する反応は徐々に低下し、ついには反応を示さなくなりました。これは「慣れ」という最も単純な形の学習の特徴です。

そうです、ヒナは無害の鳥模型は何ら危険をもたらすものではないことを学習して、それに対する無益な反応を起こさなくなったのです。一方で提示されなかった猛禽類の模型に対しては、うずくまり行動で反応しました。ほとんど遭遇することがなかった猛禽類の模型には、慣れが成立していなかったのです。

ではこの防衛行動は生得的な本能行動でしょうか、それとも経験を通して獲得した習得的行動でしょうか。答えは一見、簡単なように見えます。なぜなら、ヒナによる猛禽類と無害の鳥の識別は、無害の鳥模型を何度も見て、それが危害を加えないことを経験によって学習したことが明らかだからです。したがってこれは習得的行動と考えられます。

しかしこの結論を出すには、この防衛行動にもう一歩踏み込んで解析を試みなければなりません。それはヒナの防衛うずくまり行動には、少なくとも猛禽類と無害の鳥を識別する視覚器官系、うずくまりを引き起こす脚の筋組織、同時に頭を低くする頸部の筋組織、猛禽類と無害の鳥の識別にかかわる中枢神経系など、複数の組織・器官系が関与することは間違いないからです。

このことを考慮して吟味すると、ヒナの防衛行動は本能行動ではなく習得的行動であるという結論は必ずしも正しくないことが分かります。なぜならこの結論はこの行動の組み立てに関与しているいくつかの組織・器官系のうちの、感覚系あるいはその情報を受け取って処理する中枢神経系にのみ注目して導いた結論だからです。それだけならこの行動は確かに経験を通して学習した習得的行動です。

しかし一方で、この行動にはうずくまりや頭を低くする、という運動系の組織・器官系もかかわっています。そこでもし行動のこの部分に着目するなら、この行動は生後はじめて鳥型模型を見て防衛行動をとったそのときに、すでに身につけていた生得的行動であることが分かります。したがってこの防衛行動は、前段の事実に着目するなら習得的行動になりますが、後段の事実に着目すれば生得的行動ということになります。これは明らかな矛盾です。

本能と学習の協働

鳥のヒナの防衛行動については、猛禽類と無害の鳥の識別にかかわる視覚器官系と、うずくまり行動を引き起こす運動器官系の、双方の協働活動によって引き起こされること、このうち前者の適切な活動は経験依存的に、また後者の適切な活動は非経験依存的に構成されることが分かりました。これは行動の構成にそれぞれ別の役割を果たす異なる器官系が、別々の発達過程を経て形成されるひとつの例ですが、この構成過程が必ずしも複数の器官系で一致していないことが、行動が本能か学習かの判定に混乱をもたらす原因です。

同様のことは同じ器官系の中でも観察されることがあります。ある種のヒワのさえずり行動はその一例です。このヒワは、同種の成鳥のさえずりを聞いて生活すると「ティプーティプーティプーティプ」、「テルーテルーテルーテル」など、さえずりの特徴が違う4つの部分から成る鳴き声でさえずります。しかし実験室で成鳥のさえずりを聞くことなく育ったヒワは、これとは違ったより単純なさえずりを発します。

これはこのさえずりが習得的に発達することを示唆していますが、より詳しく調べると、さえずりの基本的構造は紛れもなくこのヒワ特有のリズムそのものでした。したがってこのヒワのさえずりは、基本リズムは生得的に発達するのに対して、さえずりの細部の精巧な特徴は習得的に発達することを示しています。

リスはカシやクヌギなど、いろいろな木の果実（ドングリ）を好んで食べますが、ドングリの形や強度は木の種類によって少しずつ異なります。それでドングリを効率よく食べるためには、リスはドングリのどこに歯を入れてかじればいいかなど、経験によって学ぶ必要があります。実際、リスはどのようにしてドングリ割りを学ぶのでしょうか。

そこでドングリやそれに似た果実に触れることがない環境下でリスを育て、そのリスが成体になったときのドングリ割りを調べました。するとリスは、成体になってはじめてハシバミのドングリを与えられたとき、それをしっかりと握って噛みはじめました。しかしリスはドングリのどこをかじればドングリがきれいに効率的に割れるか、その場所を的確に定めることができませんでした。リスはあちこち、試行錯誤的にかじったのです。

ところがリスはハシバミのドングリ割りを何度か繰り返すうちに、ドングリにある窪みに深く歯を入れてかじりました。するとドングリは苦もなく簡単、かつきれいに割れました。それ以来リスはこのやり方でドングリを割るようになりました。

これは明らかに学習によって行動が上達した例ですが、この例はドングリを握り、それに噛みつくという行動そのものは、ドングリを割る以前にすでにリスに備わっていることも明らかにしました。したがってこの場合も行動のどの部分に着目するかによって、行動が本能によるものか、あるいは学習によるものかの判断に誤りが生じる危険があります。

ライオンやヒョウなどの肉食動物の獲物捕獲でも、同様のことが観察されます。例えばライオンはヌーを狩るとき、はじめはヌーの体のどこかに狙いを定めて攻撃するのではなく、腰や背中など、噛みつけるところに噛みつきます。しかしそれでは効率的に獲物を仕留めることはできません。このような手あたり次第の攻撃は、時間的にもエネルギー的にも無駄が多いうえ、ヌーの角で突かれたり脚で蹴られたりするなど、ヌーの反撃を受けて負傷する危険もあります。

ライオンはこのような自身の経験や、他のライオンの狩りをまねるなどの経験を通し、獲物の呼吸を止める捕獲行動を習得します。熟練したライオンはヌーの口や喉に嚙みつき、ヌーを窒息死させるようになります。ただしこの場合も、獲物にとびかかったり、嚙みついたりする行動そのものは経験がなくてもはじめから行うことができます。

以上のリスやライオンの例では、動物が行う行動そのものと、その行動をどこに向けるかのどちらに注目するかで、行動の発達が本能（生得的）か習得的かの判断が分かれます。これも本能の理解に混乱をもたらす原因のひとつです。

心変わりするメス

これまでに述べてきたように、本能かどうかの判断には、行動にかかわるいろいろな組織や器官が適切に発生し、適切に機能するようになるのに経験を必要とするかどうかを調べなければなりません。しかしこの作業はなかなか容易ではありません。かかわる組織や器官が多いうえに、それらの組織の発生過程を詳細に調べることが難しいからです。そこでここで

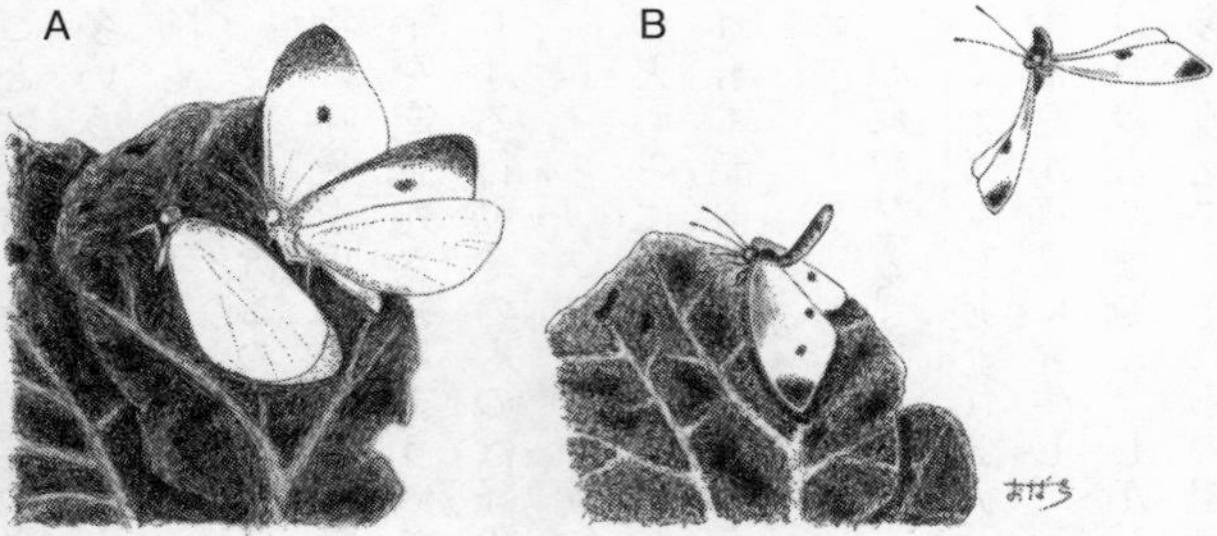

図6―2　交尾しようと近寄ってきたオスに対して、静止反応で応える未交尾メス（A）と、交尾拒否姿勢で応える既交尾メス（B）

はこの分析が比較的よく進んだモンシロチョウの交尾済みのメスの交尾拒否行動を例にとって、この問題を追究していきます。

すでに第3章で述べたように、モンシロチョウのオスはたいてい羽化翌日から交尾相手のメスを求めて飛んで探し回ります。そしてメスを発見すると直ちにメスのそばに降り立ち、腹部をメスの腹部末端に向けて曲げ、メスの交尾器を探り当てて交尾します（小原『進化を飛躍させる新しい主役』）。

これに対して交尾前のメスは、翅を背中の上で閉じた静止姿勢をとって対応します（図6―2A）。メスがこの静止姿勢をとっていると、オスは交尾に至る一連の交尾行動を滞りなく行うことができます。オスに対する交尾前のメスの静止反応は、メスがオスとの交尾を受け入れる行動です。

ところがメスは一度交尾すると、これと全く違う反応で応えます。メスは交尾するために飛んで近寄ってきたオスに対して翅を水平位置か、それよりも下の位置まで打ち下ろすと同時に、腹部を根元から逆立てます（図6―2B。小原『モンシロチョウ』）。まるでお城の天守閣の鯱《しゃちほこ》のように、逆立ちするのです。

ではメスは逆立ちすることによって何をしようとしているのでしょうか。調べた結果、オスはメスがこの姿勢をとっていると、交尾することができないことが分かりました。それは、まずオスがメスのそばに降り立つことができないからです。打ち下ろされたメスの翅が邪魔になって、メスのそばに降り立つ場所がないからです。

オスの中にはそれでも執拗《しつよう》に交尾しようとしてメスの頸部や翅の根元などにしがみつくものが稀《まれ》に見られますが、しかしそのようなオスであっても交尾はできません。なぜかというと、仮にオスが腹部を曲げて交尾しようとしても、腹部末端にあるメスの交尾器は高く持ち上げられているからです。このためオスの交尾器がそこまで届かないのです。そうです。既交尾メスのこの逆立ち反応は、交尾を機械的に拒絶する交尾拒否行動だったのです。

このようにモンシロチョウのメスは、交尾を境にしてオスに対する反応が、交尾受け入れ（静止姿勢）から拒否（逆立ち姿勢）へと劇的に変わります。交尾は通常ほぼ1時間に及びますが、その間に手のひらを返すがごとくに心変わりするメスの行動は大変印象的です。

交尾拒否行動の仕組み

では既交尾メスのこの交尾拒否行動について、行動の組み立てなど、行動を陰で支えている組織と器官の追究に入りましょう。

メスがこの行動をとるためには、まず飛んで近づいてきたチョウが「自分に交尾を仕掛けようとしている同種のオスである」ことを見抜かなければなりません。メスはこれをどのようにして見抜いているのでしょうか。

実験によると、メスは交尾をしようとするオスを、目で受容した視覚的情報を手掛かりにして判断していることが分かりました。具体的には「自分の近くでひらめく白い物体(翅)」をもってして、それを交尾しようとするオスと認知するのです。

オスの羽ばたく翅に目をつけたメスは、大変いい手掛かりを採用したといえるでしょう。なぜなら、それは「交尾しようとして近寄ってくるオス」を見抜く間違いのない確かなシグナルだからです。前述したように、交尾しようとしているオスは必ず飛んでメスに近づいてくるので、羽ばたきは交尾を目指すオスとは切っても切れない、不可分のシグナルといえます。メスはここに着目してオスの下心を見抜いているのです。

以上のことは交尾拒否行動にはメスの視覚器官系が必須であることを示しています。これが交尾拒否行動の発現にかかわる1番目の組織・器官です。

交尾を拒否するための逆立ち姿勢をとるには、翅の打ち下ろしと腹部の逆立ちを引き起こす筋組織の活動が必要であることはいうまでもありません。このうち翅の打ち下ろしは胸部にある翅を動かす多くの筋のうち、基翅筋《きしきん》と亜翅筋《あしきん》という筋の収縮によって引き起こされます。また腹部を逆立てる行動は、腹部第一節にある背側縦走筋《はいそくじゅうそうきん》という筋の収縮によって起こります（183ページ、図7―1参照）。

交尾拒否行動を実際に引き起こすこれらの筋組織が、交尾拒否行動の組み立てに必須の組織であることはいうまでもありません。これが2番目の組織・器官です。

中心的役割を演ずる中枢神経系

視覚系と筋組織のほかにも交尾拒否行動の組み立てに関与する組織があります。視覚系（感覚系）と筋組織（運動系）の間に介在する中枢神経系です。

中枢神経系は、脊椎動物では脳とその後方に続く脊髄から成ります。モンシロチョウなどの昆虫を含む節足動物では、脳の後方に続くのは脊髄ではなく腹髄《ふくずい》です。脊髄が体（消化管）の背側を走るのに対して、腹髄はその腹側を走るのでこのように呼ばれます。

中枢神経系は、行動の組み立てに絶対的に欠くことができない最重要な組織です。モンシロチョウの既交尾メスの交尾拒否行動も、脳内の複数のニューロン（神経細胞）の活動によって組み立てられていることは間違いありません。あるニューロンは前翅と後翅の打ち下ろしを引き起こす中胸《ちゅうきょう》と後胸《こうきょう》の基翅筋を収縮させる運動ニューロンを、また別のニューロンは同じく亜翅筋を収縮させるニューロンを、さらに別のニューロンは腹部第一節の背側縦走筋を収縮させる運動ニューロンに神経司令を出しているはずです。これが行動を組み立てることにかかわる中枢神経系です。

中枢神経系は以上のような行動の組み立て以外にも重要な役割を果たしています。行動の切り替えです。例えば餌を食べている動物が、突然視界に捕食者を捉えたとします。するとこの動物は餌の摂取よりも捕食者に対する防衛行動を優先し、逃げるなどして身の安全を図ります。餌に対する摂食行動から、捕食者にたいする防衛行動への切り替えですが、この行動の切り替えも中枢神経系の大事な役割です。

モンシロチョウのメスの静止反応から交尾拒否反応への切り替えについても、同様のことがいえます。交尾前、「羽ばたくオスの翅」という視覚情報は、中枢神経系に送られた後、最終的に静止行動を組み立てるニューロン群の活動を生起します。しかし交尾後は同じ視覚的入力情報は、中枢神経系の中で交尾拒否行動を引き起こす別のニューロン群の活動を生起すると考えられます。

聞こえなくなった音

体外、あるいは体内のいろいろな感覚器官などで受容された感覚情報は、感覚神経によって中枢神経系に送り込まれたあと、どのニューロンに受け渡されるか、その先行きを特定することはとても困難です。なぜかというと、中枢神経系には非常に多くの介在ニューロンが存在しますが、これらの介在ニューロンは互いに接合部（シナプス）を介して連絡し合い、複雑な回路網を構成しているからです。その回路網に伝達された感覚情報は、さらにその後、別の回路網を経て脳のいろいろな部位に拡散していきます。

そのためその神経情報を追跡することは、ごく一部の例外は別にして、通常は不可能といっても過言ではありません。私もある目的でモンシロチョウの視覚情報を中枢神経系内で追究したことがありますが、そのときにこの困難をいやというほど経験しました。

それはさておき、こうして感覚情報を含む神経情報は、中枢神経系の中で介在ニューロンから介在ニューロンへと伝達されます。大事なことはその間に神経情報が処理を受けることです。ある感覚器官から送り込まれた情報は、神経回路の中で強化されます。逆に回路の中をめぐるうちに抑制的な処理を受け、弱められる情報もあります。中にはそこで抑え込まれ、消滅する情報もあります。

ひとつ例を挙げましょう。ネコの中枢神経の中の、音刺激の情報を伝えるニューロンに電極を刺入《しにゅう》して、その電気的活動をモニターします。まずネコに音刺激を与えます。例えばネコにメトロノームの音を聞かせると、このニューロンはメトロノームのリズムに合わせて規則的な電気的活動で応答します。

そこで実験です。ネコにメトロノームを聞かせたまま、ネコの前にネズミを差し入れます。するとそのとたんにモニターしていたニューロンの電気的活動が消滅します。これは少なくともメトロノームの音を「聞いて」いたこのニューロンは、ネズミの出現によって音が「聞こえなく」なった、ということを意味します。

つまりこのことは、音を聞いていたニューロンの聴覚神経情報が、神経回路のどこかで抑制されたことを意味します。目に飛び込んできたネズミについての視覚情報が、中枢神経系の中でこの聴覚関係のニューロンの活動を抑止したと考えられます。このような神経情報の調整は神経情報の処理と呼ばれます。ネコはこの中枢神経系の情報処理のおかげで、より関心が大きいネズミに注意を向け、それに対する適切な捕食行動などを発動することができるのです。

以上の通り、動物の行動の組み立てや切り替えにかかわる中枢神経系の働きは極めて重要で、この働きがあってはじめて動物は適切な行動を発動することができます。

体内因子の影響

モンシロチョウのメスの静止反応から交尾拒否への行動切り替えには、ホルモンなど体内の液性因子もかかわっていることが分かっています。神経作用物質のセロトニンがそれです。セロトニンは人間では精神の安定にかかわる神経作用物質ですが、モンシロチョウではメスのオス受け入れからオス拒否への行動の切り替えにかかわっています。

このことは未交尾のメスにセロトニンを経口投与する（飲ませる）と、メスは交尾をしていないにもかかわらず、オスに対して交尾拒否姿勢をとって交尾を拒むことを示した実験からも明らかです。しかしセロトニンが前述の中枢神経系の行動の切り替えに、具体的にどのようにかかわるかは大変興味深いことですが、残念ながら分かっていません。

セロトニンのような体内の液性因子と同様に、行動の発現により大きな影響を与える体内因子はホルモンです。これについてはいろいろな動物でその効果が確かめられています。例えば、カナリアでは雄性ホルモンのアンドロゲンは、オスの繁殖行動を引き起こします。オスはこのホルモンの血中濃度が高まると、さえずりを開始したり、メスに対して求愛の誇示行動を行うようになります。

同様にメスのカナリアに雌性ホルモンのエストロゲンを注射すると、メスは季節に関係なく巣作りを始めます。またその後にオスとの交尾を受け入れ、さらには産卵や抱卵の行動が励起されます。

このほか、性ホルモンがオスやメスの行動の発現に関与していることは、魚や哺乳類など広範な動物で知られています。トゲウオのオスを去勢すると、オスの生殖のための巣作りをしなくなります。しかし雄性ホルモンがオスは再び正常な生殖行動を始めますが、これはその一例です。

以上に述べたことは、性ホルモンを分泌する卵巣や精巣などの内分泌器官や、いろいろな液性因子の生産に関係している組織や器官が、動物の行動の発現に深くかかわっていることを示しています。

自己受容器官

もうひとつ、言及しておかなければならない組織・器官があります。それは自己受容器という、体内の生理的変化などをモニターする体内受容器です。

例えば空腹感や満腹感は消化器官に起こる機械的変化をモニターする自己受容器によってもたらされる感覚で、これによって餌を探すなどの適切な行動が引き起こされます（図6－3)。膀胱《ぼうこう》に尿が溜まると膀胱が拡張しますが、この拡張刺激は膀胱壁にある機械的自己受容器を刺激して排尿行動を引き起こします。また、血液中の炭酸ガスが過剰になると、中枢神経系の呼吸中枢が刺激されて呼吸運動が促進されます。

同様に運動神経の司令を受けて収縮した筋肉が、司令通りの強度で収縮しているかどうかをモニターする機械的自己受容器（筋紡錘《きんぼうすい》）や、自分の姿勢や体の傾き加減をモニターする内耳の三半規管《さんはんきかん》など、体内には体内の機械的あるいは生理的状況などをモニターする自己受容器がいくつも存在しています。これらの自己受容器からの感覚情報は中枢神経系に伝達され、そこで他のいろいろな神経情報とともども情報処理を受け、行動の発現に関与します。

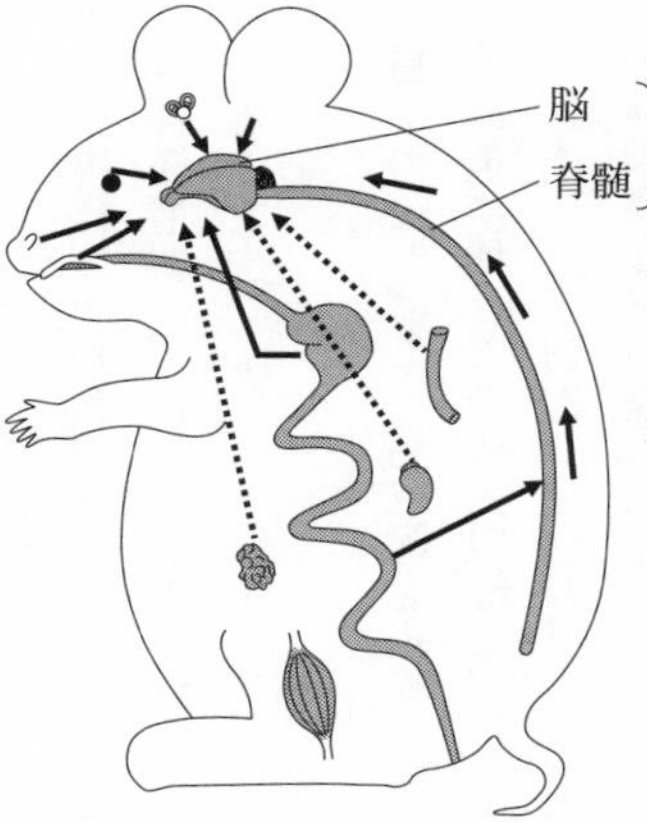

図6―3　行動の発現にかかわる感覚情報（実線）と液性情報（点線）の例
感覚情報の例：味覚、嗅覚、視覚、平衡感覚、聴覚器官および胃や腸などの消化管や筋肉などの自己受容器からの情報。液性情報の例：生殖腺や副腎などの内分泌器官および血中の分子などの液性情報

実はモンシロチョウのメスの交尾拒否行動にかかわるセロトニンの血中濃度の上昇は、交尾嚢という袋状の自己受容器によってもたらされることが知られています（小原『モンシロチョウ』）。この感覚器官は、交尾によって注入された精子と精包物質によって交尾嚢が大きく拡張したことを

感じ取ると、それを神経信号に転換して中枢神経系に送ります。そして最終的にセロトニンという神経作用物質の分泌を促すと推測されています。この交尾嚢の機械的感覚器が発する感覚神経情報は、メスの静止行動から交尾拒否行動への行動切り替えを起こす引き金になっているのです。

以上のほかにも、筋収縮を正確な運動として発現することにかかわる骨格などの硬組織や、体表の色模様などの体表組織など、行動の構成にかかわる組織や器官はいくつも存在します。

このように、動物の行動の組み立てや発現制御、あるいは切り替えには、感覚器官系、運動神経や筋などの運動組織・器官系、中枢神経系、内分泌系、自己受容器系、体表組織など、異なる複数の組織や器官がかかわっていることが分かります。行動という動物特有の生物形質は、いろいろな組織や器官がかかわって構成される複合形質であることが理解できたかと思います。

次章ではこれらの行動に関与する組織や器官のうち、行動の組み立てにおいて決定的役割を演じている中枢神経系に焦点を合わせ、本能の本質に迫っていきます。

第7章　行動の司令塔

行動に関与する組織や器官の中でも、中枢神経系は行動の組み立てや司令など、行動の根幹にかかわる役割を担っています。本章ではその神経的仕組みについて説明します。そのうえでもう一度本能について考察し、本能についての新しい考えを提示します。

研究対象動物の制約

行動の組み立てメカニズムについての分析的研究では、どうしても動物を実験室内に持ち込まなければなりません。あるいは、例えば筋肉やニューロンの活動をモニターするために、いろいろな測定器具などを装着しなければなりません。しかしこのような実験条件下でも、比較的正常に近い行動ができる動物は、鳥類や哺乳類などのいわゆる高等動物ではなかなか見つかりません。これらの動物は実験室に入っただけでもパニックに陥り、正常な状態ではいられないからです。

それでこの種の研究は主として無脊椎動物、とりわけ昆虫でよく行われてきました。次に述べるモンシロチョウの羽ばたきの電気生理学的な研究もそういう例のひとつです。モンシロチョウは実験台に固定され、飛翔筋に筋肉の電気的活動をモニターする電極を刺入された状態でも、羽ばたき運動などの行動を行います。

そのような理由から、本章では主として昆虫の研究から得られた成果をたどりながら、中枢神経系の行動組み立てメカニズムを追究し、本能の核心に迫っていきます。

羽ばたきを起こす仕組みと飛翔筋

モンシロチョウの飛翔は前翅と後翅の羽ばたきによって起こります。このとき、前翅と後

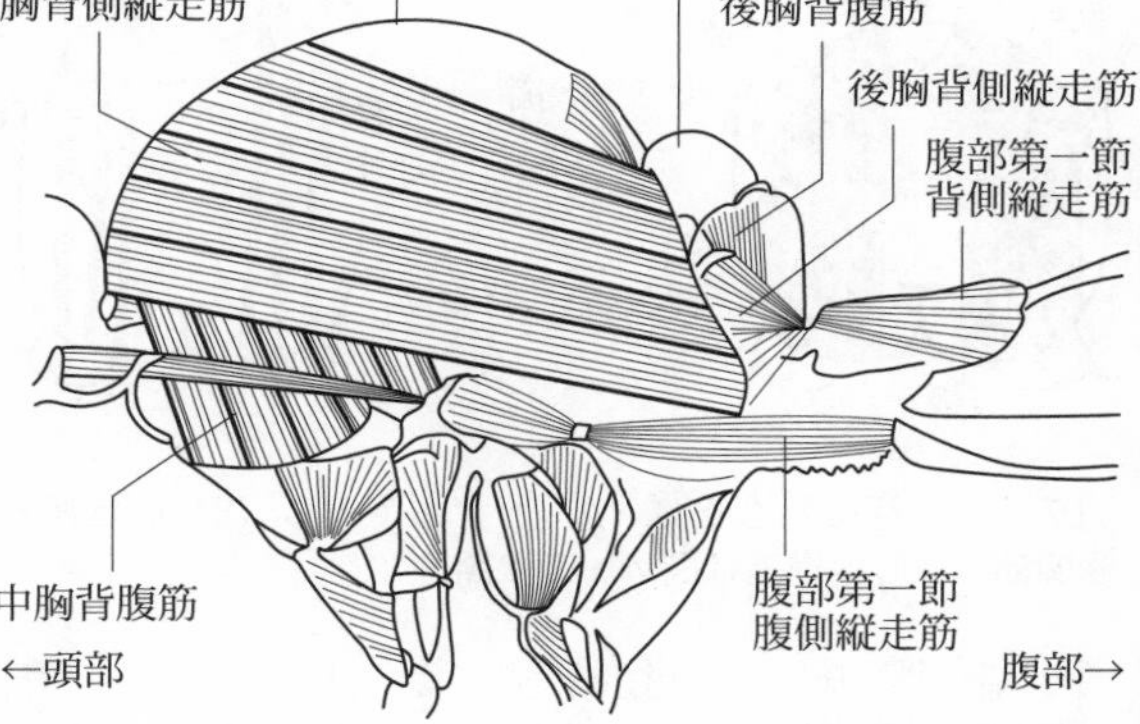

図7—1　モンシロチョウの飛翔にかかわる主要な筋束

翅は同期して羽ばたきます。さらにもうひとつ、羽ばたきと逆位相で腹部が打ち上げと打ち下ろしを繰り返します。つまり腹部は翅が打ち下ろされたとき打ち上げられ、逆に翅が打ち上げられたときに打ち下ろされます。腹部のこの運動は、羽ばたきによって生じる胴体の上下動を相殺し、なめらかで効率的な飛翔を生み出します。

図7—1はモンシロチョウの飛翔に関与する中胸、後胸および腹部第一節の右半分を内側から見た解剖図です。この図に示した通り、翅を動かす筋肉は胸を一杯に埋めつくすほどよく発達しています。これはこれらの筋肉が動かす翅が、体サイズの割に異常ともいえるほどに大きいこと、したがってそれを動かして羽ばたかせるためには、とても大きな力が必要であることを示しています。飛翔筋を構成する個々の筋繊

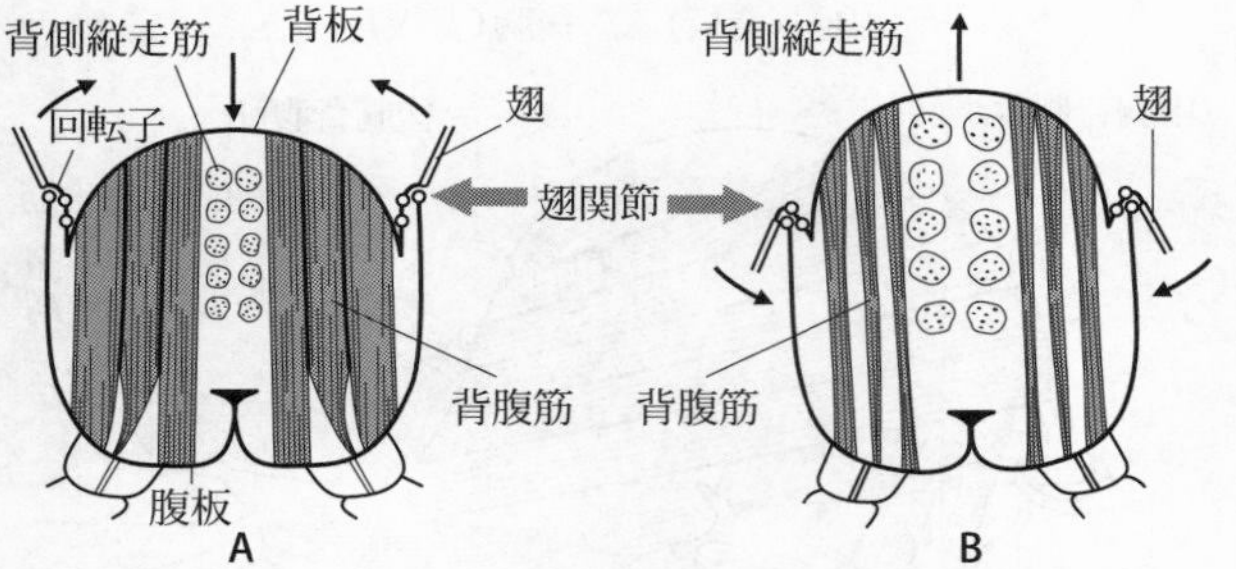

図7―2　翅の打ち上げ（A）と打ち下ろし（B）の仕組み。翅関節の詳しい構造は図7―3参照

維（筋細胞）は、数十本単位で束ねられて筋束として存在しています。

前翅の羽ばたきにかかわる中胸の筋束は、左右で少なくとも27対、合計54束存在します。図7―1にはそのうちの主要な筋束を示しました。ここで一番手前に見えるのは、体の前後軸に沿って走る5束の背側縦走筋です。その奥に背腹方向に走る5束の背腹筋束が一部見えます。この筋束に隠れて見えませんが、さらにこの奥に5束の別の背腹筋束が存在します。この合計10束の背腹筋束は翅の打ち上げを引き起こす主要な筋肉です。

翅を打ち上げるメカニズムは単純です。図7―2は中胸の横断面を前方（頭の方）から見た模式図です。この図のAに見る通り、背腹筋は胸部の天井（背板）と底（腹板）に付着しているので、これが収縮すると背板が胸部の中に落ち込みます。するとこれによって翅と結合しているクチクラ片（以下「回転子」とします）の内側の端が押し下げられます（図7—2Aを参照）。これが回転子を支点の周りに時計回り（図の左側の翅でチョウの右翅の場合）に回転させるので、回転子の外側でこれと結合している翅が打ち上げられることになります。

これに対して翅の打ち下ろしは、背側縦走筋によって引き起こされますが、図7—2Bか

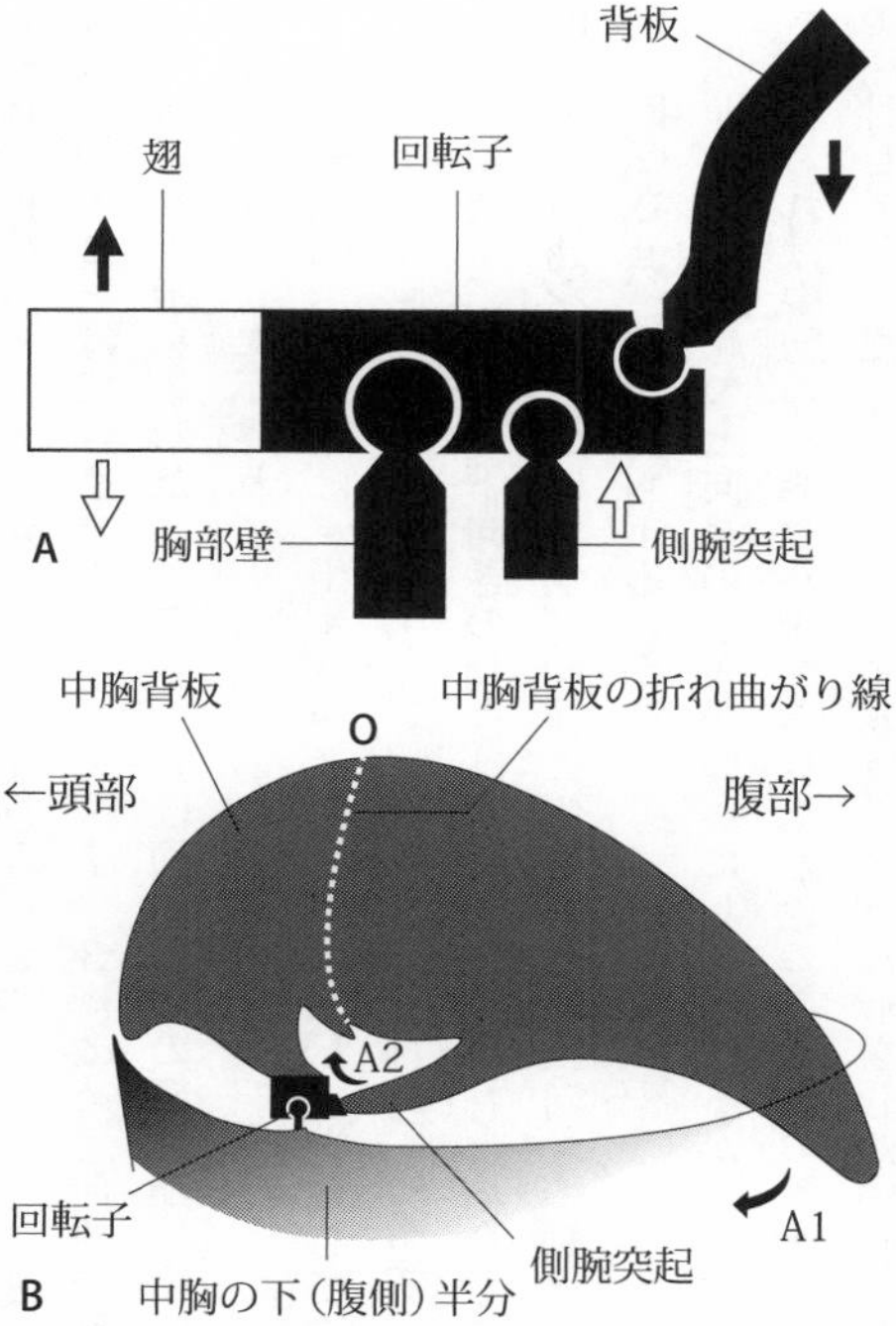

図7—3　翅の打ち下ろしの仕組みの模式図。A：翅関節の構造模式図。B：側腕突起の時計回り回転（A2）を生み出す機械的仕組み

らは体の前後軸に沿って走る背側縦走筋が、どのようにして翅の打ち下ろしを引き起こすかは窺《うかが》い知ることはできません。そこで図7—3に改めて前翅の打ち下ろしの機械的メカニズムの模式図を示しました。図7—3Aは図7—2の翅関節の横断面を前方から見た模式図で、したがってここに示されている翅は右の前翅です。

この模式図では、翅はボールジョイント型の回転子を介して胸部壁と連結していますが、このジョイントは実際は柔軟で強靭《きょうじん》な靭帯《じんたい》で結合しています。繰り返しになりますが、図に示した通り、背板の下向きの動きは回転子と、それと結合している翅を時計回りの方向に回転させ、翅を打ち上げます。同様に側腕突起《そくわんとっき》の上向きの動きは回転子と翅を反時計回り方向に回転させ、翅を打ち下ろします。

問題は側腕突起の上向きの動きがいかにして生じるかです。そこで図7—3Bを見てください。これは中胸の左側を外側から見たときの、中胸のクチクラの構造の模式図です。ここで注目していただきたいのは、イルカのような形をした中胸の背板です。背側縦走筋はこのイルカの口から尾の方向に走っています。そこでこの筋束が収縮すると口と尾が引き寄せられますが、この力が背板をその中央やや前方で上方に突き上げ、点線に沿って折り曲げます。この部分はもともと折れ曲がりやすい構造になっているうえ、クチクラが少し薄くなっています。大事なことはこの折れ曲がり線と背板の正中線が交差する点(O)を中心にして、背板の後半部が時計回りに円運動することです（矢印A1）。この円運動は、背板のほぼ中央の側部から突き出ている側腕突起をも矢印A2の方向に回転させます。

この側腕突起のA2方向の回転が、回転子の内側を下から上に押し上げることになります。例えば側腕突起は図7—4に示したように時計の8時の方向を向いていたとします（図のOB）。それが背側縦走筋の収縮によって時計回りに回転し、例えば10時の位置にまで60度回転するとします。側腕突起のこの回転は、その先端が三角形ＡＢＯのＡＢの長さだけ真上に動くことを意味しますが、このＢからＡへの上向きの動きが、回転子をボールジョイントの支点の周りに反時計回り（打ち下ろし方向）の回転運動を引き起こすのです。

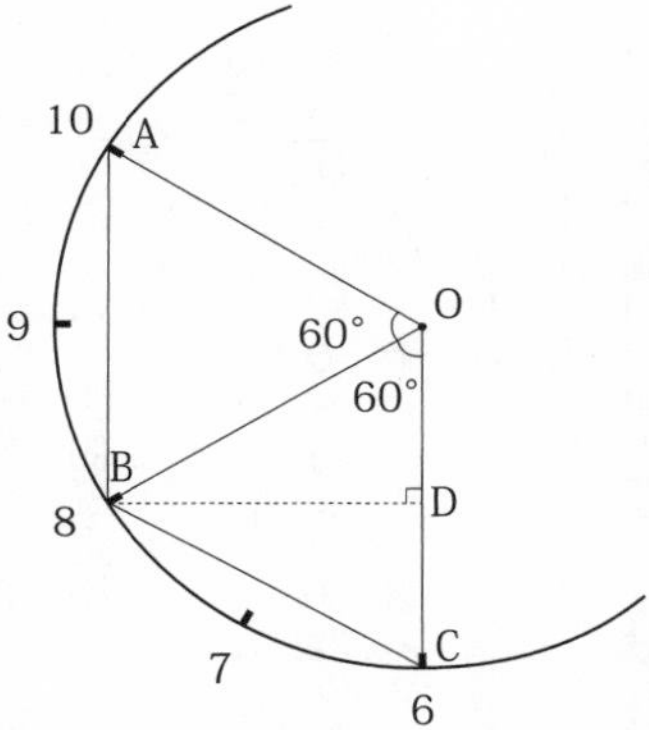

図７—４　翅を打ち下ろす側腕突起の運動模式図

私はこの翅の打ち下ろしの機械的仕組みに本当に深く感じ入りました。ここに述べた仕組みのどれひとつをとっても、私には新鮮な驚きでした。しかし驚きはこれだけではありません。これ以外にも、私が舌を巻いたことはいくつもあります。

中でも私を強く驚かせたのは、側腕突起が背板の側部から突き出ている角度です。それはこの突起の突き出ている角度が非常に絶妙だからです。もしその突起の角度がもっと下向きかあるいは上向きなら、背側縦走筋の力は翅の打ち下ろしを効率よく引き起こすことはできないでしょう。

例えば図7—4に示したように、側腕突起が6時の向き（図7—4のOC）にあって、背側縦走筋の収縮で8時まで60度回転するとします。このときの正味の上向き運動は三角形BCDのCD分です。これは側腕突起が8時の向きに向いていた場合のAB（＝BC）より短い（CD＝AB÷2）ので、背側縦走筋の収縮の力を十分に活かし切っていないことは明らかです。図からも明らかなように、ABが垂直になるように側腕突起が8時の方向に向いているとき、側腕突起の運動は最も効果的に翅の打ち下ろしを引き起こすことになります。理屈ではこうなりますが、私が驚いたのはこれがそのまま現実だったからです。

奇跡の同期的活動

では解剖学的に翅の打ち上げ筋、あるいは打ち下ろし筋と判断された背腹筋あるいは背側縦走筋は、本当に翅の打ち上げと打ち下ろしを引き起こしているのでしょうか。また腹部第一節の背側縦走筋と腹側縦走筋は、実際に腹部の打ち上げと打ち下ろしを引き起こしているのでしょうか。

そこでこれらの飛翔筋の電気的活動をモニターするために飛翔筋に金属電極を植え込み、モンシロチョウが羽ばたいているときの筋活動を記録します。すると前節で述べた通り、解剖学的に翅の打ち上げ筋と判断された背腹筋は、予想通り翅の打ち上げを引き起こしていることが確かめられました。同様に背側縦走筋が翅の打ち下ろしを引き起こすことも確かめられました（小原『モンシロチョウ』）。

またこれらの背腹筋の活動電位の解析から大事なことがいくつか分かりました。そのひとつは前翅と後翅の背腹筋および腹部第一節の腹側縦走筋が同期して収縮することです。このことは前翅と後翅の打ち下ろしおよび腹部の打ち上げを引き起こす背側縦走筋についても同様です。

これらはモンシロチョウの羽ばたき行動で観察される事実、すなわち左右の前翅と左右の後翅は同期して羽ばたき、それと逆位相で腹部が同期して打ち上げ、打ち下ろされるという行動が、筋肉の電気的活動レベルでも確かめられたことを意味します。

さらに左右の背腹筋や背側縦走筋、および腹部第一節の腹側縦走筋はみな同期して収縮します。これは大事なことです。もしこれらの筋束が勝手にバラバラに収縮すると、羽ばたきが成功しないのは間違いないと思われるからです。なぜなら各筋束が非同期的に収縮するならば、各筋束の収縮が時間的に不ぞろいになって、一度に大きな力を必要とする羽ばたきを引き起こすことはできないからです。

では各筋束はどのようにして同期収縮を実現しているのでしょうか。もし各筋束が独立、かつランダムに収縮するなら、果たして一斉の同時的収縮が起こるのでしょうか。その同時収縮が起こる確率を、いくつかの仮定を設けて計算すると、その確率は「数万〜数十万分の1」という大変小さい確率であることが分かりました。

前述したようにモンシロチョウの飛翔では、左右の翅が同期して羽ばたかれます。これに加えて前翅と後翅の打ち上げと腹部の打ち下ろしが同時に起こります。そのためには前後翅の左右の翅の打ち上げ筋束は、互いに他と同期して収縮しなければなりません。その上それらの筋束は前後翅の打ち上げ筋束と腹部の打ち下ろし筋束とも逆位相で同期しなければなりません。もしこれらすべての筋束が互いに独立かつランダムに収縮するなら、これらすべての筋束が偶然に同時に収縮する確率は、まさに「天文学的数値分の1」になります。これを考えると、チョウの羽ばたきのようなかなり単純な運動であっても、それが適切に遂行されることは本当に驚くべきことです。

実際のモンシロチョウはオスもメスも羽化してチョウとなった後、最初の飛び立ちのときから完全な羽ばたきを行って飛翔します。練習も試行飛翔も一度たりとも経験することなく、見事に飛翔します。まさに典型的な本能行動です。それはまさに奇跡としか言いようがありません。

行動の司令塔

こういうわけで、モンシロチョウがもし生誕時に、正常な羽ばたきを組み立てる仕組みを持ち合わせていないで、それを試行錯誤して習得するとすれば、それはオスであれメスであれ、一度として羽ばたくことなく寿命を迎えてしまうことを意味します。

ではこのような神業ともいうべき飛翔筋の同時収縮はどのようなメカニズムによって生起するのでしょうか。そのメカニズムは飛翔筋の中にないことは明らかです。なぜなら飛翔筋などの骨格筋は、運動ニューロンの司令で収縮するからです。ということは、飛翔筋の同時収縮は、それを神経支配している運動ニューロンの同時活動によって生じることを意味します。

モンシロチョウの飛翔筋を支配している運動ニューロンについては、まだその数は分かっていません。しかし近縁種のカイコガがいい参考になります。カイコガはモンシロチョウと同じチョウ目の昆虫で、私たちの研究室での研究によると、翅を羽ばたかせる機械的仕組みや筋束の数などはモンシロチョウとほとんど違いがありません。特にここで注目している背腹筋と背側縦走筋については、両者の間で違いがありません。

研究によるとカイコガでは中胸の片側の背側縦走筋を支配している運動ニューロンは9個で、同じく片側の背腹筋を支配している運動ニューロンは10個です。飛翔筋の運動ニューロンは胸部の中にある中胸神経節の中に存在しています。もしこれらの運動ニューロンがそれぞれランダムなタイミングで活動すると仮定すると、それらが偶然に同時に活動する確率は、極めて小さくなります。

したがって飛翔筋の運動ニューロンの同時活動が生起するためには、これらの運動ニューロンの活動を制御するより上位のニューロンを仮定せざるを得ません。複数の運動ニューロンを支配下に置き、それらの運動ニューロンの活動を調整すると想定される上位のニューロンがどこかに存在するはずですが、それが中胸神経節内か、あるいは脳内かは分かっていません。いずれにせよ行動を組み立てるニューロンが中枢神経系内にあることは確かです。後述するように、それを証拠づける研究報告もあります。

行動中枢

行動の組み立てメカニズムの観点から見ると、行動は「筋肉の活動様式」といえます。つまり動物の行動は、体内のどこの筋肉が、いつ、どんなタイミングで、どれだけ強く、またどれだけ長く収縮するかなど、筋肉の活動様式に還元できます（図7—5）。また行動を作

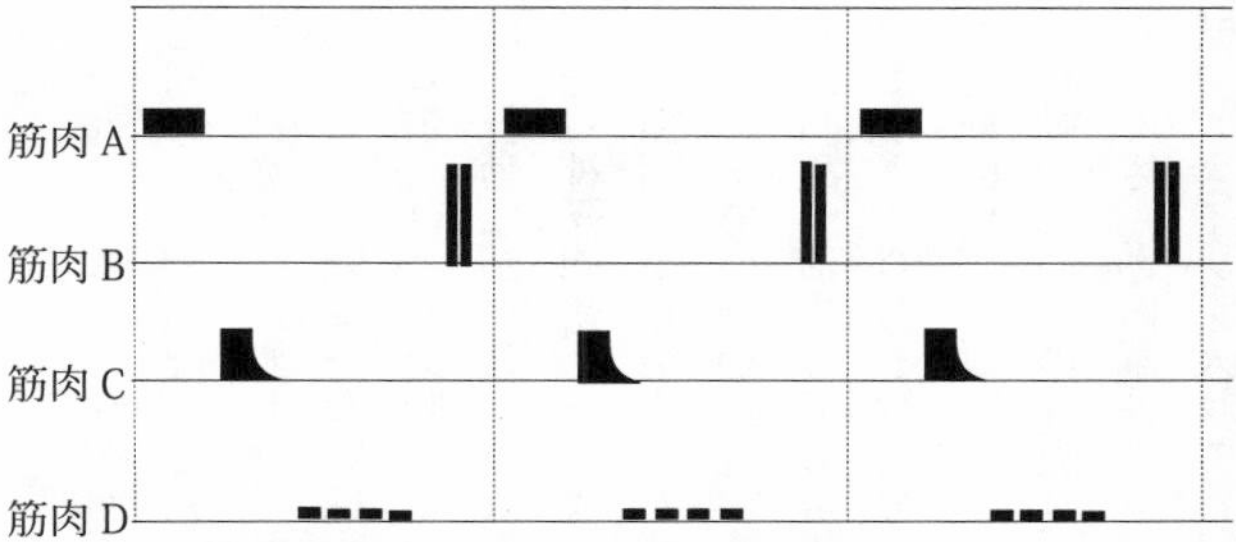

図7－5　行動楽譜の模式図

り出す筋組織は、直接的には運動ニューロンの支配下にあることから、「行動はニューロンの活動様式」ともいえます。

　行動の組み立てメカニズムをこのように見てくると、私にはオーケストラが想起されます。そこではヴァイオリンやフルート、チェロやヴィオラ、あるいはクラリネットやティンパニ、ホルン、オーボエなどのいろいろな楽器が、楽譜に従っていろいろなタイミングで、時に強く、時に弱く、また時に演奏を休止する、というように協調的に演奏されることで一定の旋律が生み出されます。

　もしここでオーケストラの演奏者が、楽譜に関係なく思い思いのタイミングで楽器を演奏したらどうなるかを想像してみてください。一つひとつの楽器はすばらしい音色を出すでしょうが、全体としては不協和音が入り乱れた音の騒動が起こるに違いありません。そこからは何のメロディもリズムも生じません。各自が自由勝手に（ランダムに）楽器を奏でる限り、それは何億回、何兆回トライしようと旋律は生まれません。

それはちょうど飛翔筋がそれぞれランダムに収縮したら、羽ばたきは決して起こらないのと同じです。羽ばたきが正常に起こるためには、それぞれの飛翔筋がそれぞれの「行動楽譜」に従って活動しなければなりません。この行動楽譜に相当するものが中枢神経系の中にあることは間違いないはずです。それを行動生理学では「行動中枢」などと呼んでいます。

本書ではこれ以降、この行動中枢という言葉を用いますが、それは図7―5に示したように、行動にかかわる複数の筋肉、あるいはそれを支配する複数のニューロンを協調的に活動させる神経回路から構成されています。そしてこの行動中枢が作動を開始すると、しかるべき神経司令がしかるべき筋肉に伝えられ、しかるべき行動が発現します。

これまでの行動生理学的な研究から、行動中枢はいったん活動を開始すると、活動を開始した刺激が消失しても自律的に行動を持続する特徴があります。行動中枢は、要するに一定のまとまりのある行動を一定の区切りがつくまで自律的に継続することができる機能を持った神経回路です。

行動中枢のこの性質は、ひと昔前のジュークボックスに喩えられます。ジュークボックスはたくさんの歌謡曲のレコード盤と、それを再生するレコードプレーヤーを備えた箱型の機械で、コインを入れて希望の曲のスイッチを押すと、機械が自動的にそのレコード盤を探し出し、それをプレーヤーの上に載せます。そしてその曲目を再生しますが、それは曲が終了するまで自動的に継続されます。

動物は這《は》う、潜る、歩く、走る、ジャンプする、飛ぶ、突く、噛みつくなどの基本的行動から、求愛のさえずりや求愛行動などに至るすべての行動に対応する行動中枢を兼ね備えていると想定されています。

婚礼ダンスが示唆すること

動物行動生理学ではこの行動中枢に関心を持つ研究者が、その神経的実体を追究してきました。その結果、行動中枢の作動を反映すると思われる証拠もすでにいくつか得られています。カイコガの婚礼ダンスでカイコガのオスが見せる行動はそのひとつの例です。

カイコガの生殖行動はオスがメスのフェロモンを嗅ぎつけることから始まります。フェロモンを嗅ぎつけたオスは狂ったように激しい特徴的な行動を開始します。オスは激しく羽ばたきながらそこらじゅうを歩き回るのです。ここで彼らが羽ばたくのは、羽ばたきで生じた気流で、メスのフェロモンを自分の触覚に引き寄せるためです。簡単にいえば、人間が匂いを嗅ぐときにクンクン鼻から空気を吸い込むのと同じ匂い嗅ぎ行動です。こうしてオスは性フェロモンをたどり、それの放出者であるメスを嗅ぎ当てます。

フェロモンによって引き起こされたオスの羽ばたきと歩き回りは、カイコガのオスの婚礼ダンスといわれています。オスが婚礼ダンスを踊っているときに、実験的にオスの触覚を切り取ります。触覚を切除されたオスはもちろんフェロモンを嗅ぎ取ることができません。にもかかわらず、オスは婚礼ダンスを続けます。それも5秒や10秒のレベルでなく4～6分も続きます。

オスの婚礼ダンスでこれ以上に興味深いのは、ダンス中にオスが見せる交尾行動です。オスは踊っている間に、しばしば腹部を右あるいは左に曲げ、曲げた方ににじり寄る行動をします。これはオスが婚礼ダンス中にメスを嗅覚的に発見し、メスに触れたとたんに起こす交尾行動です。その交尾行動をオスはメスに触れたわけでもないのに行います。それはあたかもそこに架空のメスがいるかのようで、オスはその架空のメスに向かって交尾をしようとしているかのように見えます。

このように、さらなる刺激なしで継続する婚礼ダンス、あるいは架空の交尾行動など、カイコガで観察された高度に自律的な行動は、ほかにも知られています。実は行動中枢という自律的な行動司令機構が想定されたのは、このような観察があってのことでした。それらの観察が行動中枢という神経機構の想定を生み出したのです。

パターン化された放電

行動中枢の存在を示唆するもっと直接的な証拠も得られています。そのひとつはナキイナゴのオスの求愛行動です。このイナゴのオスはメスに出会うと、メスに対して一定の位置取りをします。そのうえでオスは、３つの行動相から成る求愛行動を始めます。このうち第３行動相は、この種固有の求愛の「歌」を奏でる行動相です。

求愛歌は肢を翅にこすりつけることで発せられます。オスは左右の肢を交互に上下動させながら求愛歌を発します。求愛歌は０・１６秒続く歌小節が基本単位で、オスはこれを４～５秒間連続して発します。

そこで実験です。オスの左右の肢を固定します。こうするとオスは肢を動かすことができません。したがって音は出ません。しかしここで左右の肢の奏歌行動を起こす筋肉に電極を刺入して、筋肉の電気的活動をモニターすると、肢が動いていないにもかかわらず、歌を奏でる筋肉は正常な奏歌行動の活動パターンで活動していることが分かりました。つまりその活動のタイミングは正常な求愛歌のタイミングと変わらないだけでなく、左右の肢の交互の上下動を引き起こす筋肉の活動の位相関係も正常でした。また歌小節の持続時間も正常な求愛歌の持続時間とほとんど変わりませんでした。

ナキイナゴが左右の肢を交互に動かして求愛歌を奏でるとき、通常は肢がどれくらい強く動いたかなど、肢の動きを知らせる自己受容器からの感覚情報が中枢神経系にフィードバック（帰還感覚入力）されると思われます。これを受けた中枢神経系は、その神経情報を参考にして次の神経司令を調節します。もし肢の筋肉が司令通りの強さで収縮しなかったのなら、もっと強く収縮するように新しい神経司令を出します。

このことから考えると、この実験条件下では中枢神経系はいくら適切と思われる神経司令を出しても、動かない肢からは通常経験できないような異常な帰還感覚入力を受けているはずです。したがって中枢神経系はそれを参考にしてその前とは違う神経司令を出すと考えられます。しかし実験の結果はそうではありません。中枢神経系は正常な求愛歌を発するパターンの司令を出し続けたのです。

これは中枢神経系には帰還感覚入力の如何にかかわらず、求愛歌のパターンの神経司令を出し続ける行動中枢が存在することを強く示唆する事実といえるでしょう。その行動中枢が帰還感覚入力から独立して活動を続けることは、どのような状況になっても求愛歌だけは乱れることなく奏でられることを示唆しています。したがって求愛歌はオスにとってよほど重要で、重要度で見れば最上位に位置づけられる行動の証であると考えられます。

電気刺激によるパターン放電

行動中枢の存在を示唆する事実は、ほかにもあります。中枢神経系への電気刺激が中枢神経系からのパターン放電を生起することです。

クサチコオロギのオスは、繁殖期になるとこの種特有の求愛歌を奏でます。コオロギの求愛歌は左右の翅をこすり合わせることで発せられます。クサチコオロギの場合、オスは背中の上にたたんでいた左右の翅を45度くらい押し立てます。そして翅をその傾きに保ったまま、左右の翅を開閉します。このときに左右の翅がこすられて音が発生します。

求愛歌は連続して発せられた4個の音パルスがひとつの歌小節を構成します。この歌小節が一定の間隔で連続して連なったのがこの種の求愛歌になります。そこでオスの脳に電極を植え込み、それを通して電気刺激を与え、それがオスのどのような反応を引き起こすかを観察します。電気刺激はニューロンの活動を引き起こす最も典型的な刺激です。ただしここで与える電気刺激は、短い電気パルスです。この電気パルスを短い間隔で連続的に与えます。

実験の結果、オスは与えられた電気刺激のパターンとは全く異なる、この種特有の求愛歌で反応しました。オスは単調な連続的電気パルスに対して、電気刺激のパターンとは全く異なるパターンの求愛歌を奏でたのです。もし電気刺激が求愛歌のパターンで与えられたのなら、そしてそれに対して求愛歌で反応したとしても、それは脳が電気刺激に単純に反応したにすぎません。しかし事実はそうではありませんでした。これは脳内に種特有の求愛歌を組み立てる行動中枢が存在することを示唆します。

同様のことは他の動物でも知られています。ヨーロッパのヒキガエルはそのひとつです。このヒキガエルは空腹のときは昆虫など小さな獲物を発見すると、獲物の方に向き直り、そっと忍び寄ります。そして獲物を両方の目でしっかりと捉えると、素早く舌を伸ばし、これをからめ捕ります。この後ヒキガエルは獲物をゴクンと飲み込み、続いて前脚で口を拭きはらいます。これはこのヒキガエルの典型的な捕食行動で、ほとんどの捕食行動で繰り返されるルーティーンワークです。

そこでコオロギと同様の実験が行われました。このヒキガエルの脳の視覚中枢である視蓋《しがい》という部位に電極を刺入し、そこに電気刺激を加えるのです。するとヒキガエルはあたかも目の前に獲物を見つけたかのように、架空の獲物を両方の目で捉えるべく、体の位置取りを調整します。そして架空の獲物に対して舌を伸ばしたのです。それればかりではありません。ヒキガエルは架空の獲物をごくりと飲み込む動作をし、飲み込んだ後に前脚で口を拭ったのです。この実験結果もクサチコオロギの結果同様、行動中枢の存在を示唆しています。

因みにこのヒキガエルの脳の別の部位に電気刺激を与えると、別の行動が現れます。例えば中脳の視床のある部位に電極を刺入して刺激すると、ヒキガエルは防衛行動をとりました。つまり体をかしげる防衛姿勢をとったのです。また視床のさらに別の部位を刺激すると、外敵から身を守るかのようにうずくまって、これを回避する行動を起こしました。これらはいずれも行動中枢の存在を示唆する事実です。

漏れ聞こえる行動楽譜

行動中枢のより直接的な証拠は、中枢神経系からの神経司令を直接モニターすることです。これが最初に試された動物はサバクトビバッタです。この実験では、サバクトビバッタを実験台に固定し、腹部を開いて中胸の神経節を露出します。これは脳に続く腹髄の中でも一番大きく発達している中枢神経系のひとつですが、中胸神経節は前翅の羽ばたきなどの運動を司《つかさど》っています。

実験では、露出した中胸神経節に帰還感覚情報を入力する自己受容器からの感覚神経を含む神経束をすべて切断します。そしてこの状態で何らかの神経出力が観察されるかどうか、されるとすればどのような神経出力かを調べたのです。

その結果、中胸神経節から伸び出て羽ばたきの筋肉を刺激する運動神経から、羽ばたきのリズムで規則的に活動する定型的な神経出力が記録されました。これは中胸神経節内に存在する行動中枢が、外からの神経入力がない状態で、自発的に行動中枢に従って演奏したメロディが、運動神経を伝って漏れ出てきたと受け取ることができます。研究者は行動中枢に従って演奏される楽曲の一端を聞きつけることに成功したのです。

もっと長時間に及ぶ行動中枢もモニターされています。ヤママユガの一種のセクロピア蚕の羽化行動を引き起こす神経活動です。

このガは羽化が間近になると、1時間15分にも及ぶ一連の羽化行動を始めます。最初に現れる第1相の行動は羽化前のガが蛹の殻の中で腹部をぐるぐる回す行動で、これはおよそ30分続きます。この行動は、ガがやがて脱ぎ捨てる蛹の殻を体から切り離す行動です。これに続く第2相の30分は、外見上動きがない静穏期です。そして最後の第3相は、ガが蛹の殻から抜け出すための蠕動《ぜんどう》運動で、およそ15分続きます。

これらの一連の羽化行動は羽化ホルモンというホルモンによって始動されます。そこで研究者はこれらの羽化行動を支配する腹部第2節および第3節の神経節を切り出し、それに羽化ホルモンを投与して、これらの神経節から何らかの神経出力が出ているかどうかを調べました。

すると驚いたことに、そこから伸び出ている神経束から、とても重要な神経活動が記録されました。切り出した第2—第3神経節はホルモン投与およそ20分後に活動を開始しました。その神経活動は、第1相の羽化行動を生起すると思われるパターンの神経活動でした。この神経活動はおよそ30分続いた後、活動の休止期にとって代わられました。運動ニューロンの神経（軸索）の活動が著しく低下したのです。しかしこの後、神経活動は再び活発さを取り戻しましたが、このときの活動パターンは第１相の活動パターンとは異なっていました。その活動パターンを分析すると、それはガが蛹から脱出するときの第３相のパターンの活動でした。

羽化ホルモンの投与によって引き起こされたこの遊離神経節の１時間以上に及ぶ活動は、行動中枢の存在と、行動中枢が行動の組み立てに果たす役割の重要さを示す貴重な事実です。中枢神経系の同様のパターン活動はカロライナスズメガという別のガの羽化行動でも示されています。そして次項では、行動中枢の神経的実体に迫る研究を紹介します。

姿を現した行動中枢

キイロショウジョウバエでは、行動中枢の神経的仕組みについてさらに詳しい追究が行われてきました。このハエは交尾に先立ち、オスがメスに対して種固有の求愛行動を繰り広げます。すなわちオスはメスに対して後ろ側から近づき（定位）、前肢でメスのお腹を軽く触ります（タッピング）。このときオスはメスの体表のフェロモンを感じ取りますが、これによってオスの求愛行動はさらに促進されます。

オスは次に左右の翅を交互に横に突き出し、その位置で翅を振動させて翅音を発します。

これはオスのメスに対するラブソングといわれます。この後オスはメスの交尾器をなめるリッキングという行動を行い、さらにそれに続いてメスの背に乗り上がって交尾を試みます。メスが受け入れる準備ができているときはここで交尾が起こります。

山元大輔東北大学名誉教授とその研究グループは、オスのこの求愛行動を支配する脳内の神経的仕組みを、先端技術を巧みに駆使して追究してきました。その結果、オスの求愛行動にかかわるP1というニューロンを特定することができました。ハエの脳にはおよそ10万個のニューロンが存在しますが、このうちオスの求愛行動にかかわるP1ニューロンは、脳の両側にそれぞれ20個ずつしかありません。

P1ニューロンはオスだけが持っています。メスがこのニューロンを持たないのは、細胞死によって除去されるためです。オスのP1ニューロンは脳の後ろ側にあり、脳の両側に樹状突起を伸ばしています。そこで、非常に巧みな実験方法を駆使して、オスが求愛行動をしているときのP1ニューロンの活動を調べた結果、このニューロンはオスの求愛行動中に活動することが分かりました。

さらに分子遺伝学的方法を駆使して、このP1ニューロンを選択的に刺激したところ、オスは求愛行動を引き起こすことが分かりました。オスはこのニューロンが刺激されて活性化すると、メスがいないにもかかわらず求愛行動を行ったのです。こうしてP1ニューロンはキイロショウジョウバエのオスの複雑な求愛行動の引き金をひく行動中枢の核心的ニューロンであることが示されました。

山元研究グループはさらに、P1ニューロンがメスの体表にある性フェロモンによって活動する仕組みについても研究を行いました。メスの性フェロモンは、オスの前肢にある化学受容ニューロンによって受け取られ、これが次にvAB3やPPN1、mALと呼ばれるニューロン群を活動させます。興味深いことに、前者の2つはP1ニューロンに興奮性の（P1の活動を高める）入力を送り込みますが、mALは逆に抑制性の（P1の活動を低下させる）入力を送り込むニューロンです。

P1ニューロンの活動は、このようなアクセルとブレーキのバランスによって制御されていることが明らかになりました。おそらく、このようなバランスによって、P1ニューロンが活動するかしないかが決まります。この仕組みこそが、オスがメ

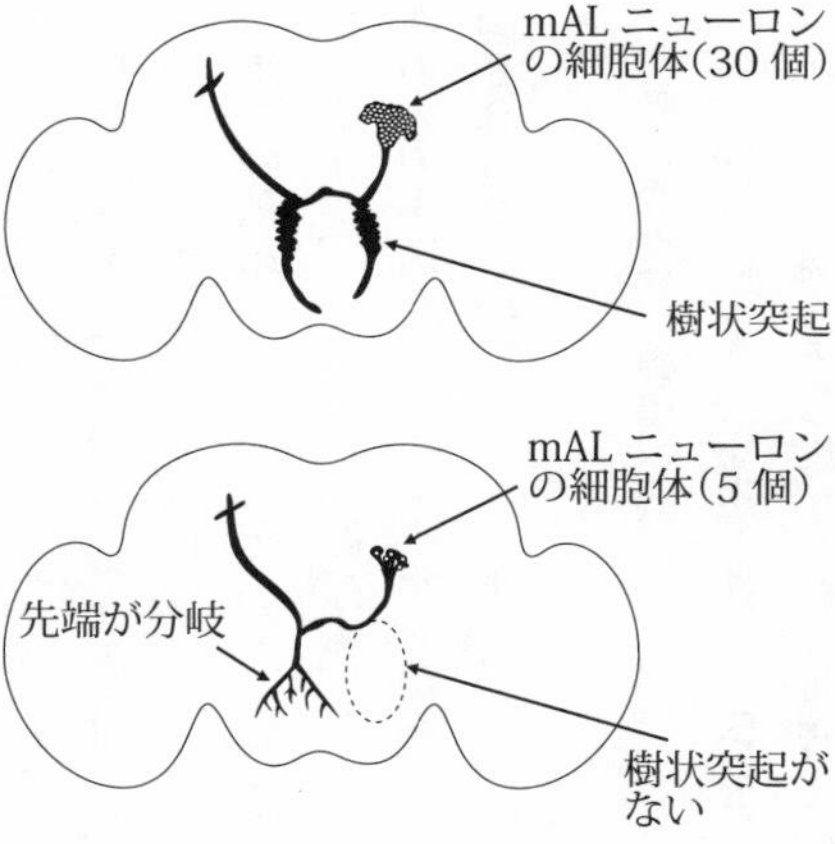

図7—6　キイロショウジョウバエのオス（上）とメス（下）のmALニューロン
(Yamamoto & Koganezawa, 2013を改写)

スに求愛するかどうかという意志決定の中核的なプロセスであると考えられます。

P1ニューロンの活動は、メスの体表にある性フェロモンのほかに、メスが歩く音やメスの匂い（空気中に揮発する別の性フェロモン）によっても制御されています。これらの感覚刺激はオスの触角にあるそれぞれ別の感覚受容ニューロンに受け取られてP1ニューロンへと入力されますが、これらの経路でも同じように、P1に興奮性の入力を送り込むニューロンと抑制性の入力を送り込むニューロンがあり、これらのバランスによってP1ニューロンの活動が制御されることが分かっています。

行動の組み立て現場

P1に抑制性の入力を送り込むmALニューロンは、動物が持つ脳の性差をニューロンのレベルで目に見える形で示した、世界ではじめての報告になりました。mALニューロンは図7―6に示した通り、その数と形が雌雄間で顕著な違いがあります。すなわちオスでは30個存在するのに対してメスでは5個しか存在しません。またオスのmALニューロンは細胞体と同側と反対側の両側に樹状突起を伸ばしますが、メスのmALニューロンは反対側にのみ樹状突起を伸ばし、かつその先端が分岐しています。このように、同側樹状突起はオスのmALニューロンの顕著な特徴です。

山元研究グループはこの mAL ニューロンの形態の性差についても、その発生過程を分子レベルで追究してきました。mAL ニューロンの形態形成にかかわる遺伝子のうち、中心的な役割を担うのは fruitless（フルートレス）遺伝子です。この遺伝子はオスではフルートレスというタンパク質を作りますが、メスではこのタンパク質を作らないようにする仕組みがあるため、フルートレスは作られません。このフルートレスタンパク質の有無が mAL ニューロンがオス型になるか、メス型になるかを決めます。

その仕組みはこうです。mAL ニューロンにはフルートレスタンパク質の手足となって働くタンパク質があります。遺伝子 lola（ローラ）が作り出すローラタンパク質です。このローラタンパク質にフルートレスタンパク質が張りついて結合体となり、その結合体で robo1 という別の遺伝子の働きを抑制します。robo1 遺伝子は mAL ニューロンの同側樹状突起の形成を抑制し、それによってこのニューロンをメス型にするタンパク質、Robo1（ロボ１）を合成する遺伝子です。その robo1 遺伝子の働きをフルートレスとローラタンパク質の結合体が阻止するため、mAL ニューロンの同側樹状突起の形成が促され、mAL ニューロンはオス型に発生します。

一方、メスの mAL ニューロンではフルートレスタンパク質がないため、フルートレスとローラタンパク質の結合体が作られません。実はフルートレスタンパク質はローラタンパク質に張りついて結合体を作ることで、ローラタンパク質がある種のタンパク質分解酵素によって切断されるのを防護しているのです。

したがってフルートレスがないと、ローラタンパク質はこの酵素によって分解されます。分解されたローラタンパク質は2つの小型のタンパク質になりますが、この小型のローラタンパク質は切断前のローラタンパク質を強く抑制する機能を持っています。そのためメスのmALニューロンではrobo1遺伝子に抑制がかからないため、同側樹状突起の形成が阻止され、結果的にニューロンをメス型になるように仕向けられます。

これらの研究成果はつい最近、山元研究グループの佐藤耕世と共同研究者の共著論文として学術誌に発表されました。この論文はmALニューロンの性差の発生の仕組みを明らかにしただけでなく、遺伝子の産物（フルートレスタンパク質とローラタンパク質）が相互作用して他の遺伝子（robo1遺伝子）の読み出しを阻止するという、新しい発生の仕組みをも発見しました。これは世界初の発見です。

この研究はニューロンの形態や神経回路網は、一般の細胞や組織あるいは器官などの発生と同様に、いろいろな遺伝子が働いて形作られていくことを示しています。これを見ると、まるで本能行動の基盤をなす神経回路の構築現場、あるいは本能行動そのものの組み立て現場を見ているようにも思えてきます。これはまた、後述する本能についての本書の定義や基本的認識に対する強い支持を与える重要な知見でもあります。

本能についての新しい考え

ガンやカモなどのヒナの猛禽類に対する防衛のうずくまり行動は、猛禽類の姿形を認知する感覚系に注目すると習得的行動ですが、うずくまり行動に注目すると本能行動と判断され、矛盾が生じることは第6章で説明しました。この矛盾を避けるためには、行動の組み立てにかかわっているすべての組織や器官の働きが、経験を通して獲得されたものかどうかを判断しなければなりません。

しかしモンシロチョウのメスの交尾拒否行動について説明した通り、実際の行動の組み立てや発現にかかわっている組織や器官は数多く存在します。復習を兼ねてどのような組織や器官が行動の組み立てや発現にかかわるか、図6―3（179ページ）を参照しつつざっと振り返ってみましょう。

図6―3に示した通り、動物の行動は、外敵や配偶者などを検出する各種の感覚器官、そこで得られた感覚情報を中枢神経系に送る求心性感覚神経、それらの感覚情報を処理する中枢神経系のニューロン回路網、同じく中枢神経系の中で適切な行動中枢の組み立てに関与するニューロン回路網、これら中枢のニューロンなどに働きかけてその行動の発現などに影響

を与える内分泌器官系、行動中枢の司令を受けてそれを筋組織に伝達する運動ニューロン群、運動ニューロンの司令を忠実に履行して骨格の運動を引き起こす筋組織、そして筋組織の活動を忠実かつ正確な行動として表現する骨組織などの硬組織、こうして発現した行動が適切な生態学的機能を発揮させるために用意された飾り羽などの体表面の組織など、動物のすべての組織や器官がかかわって発現する特殊な複合形質です。

複合形質という行動のこの特殊性に注目して改めて本能について考えると、本能の新しい定義が見えてきます。すなわち本能は「行動にかかわる組織や器官が、経験に依存することなしに適切に発生し、適切に機能して発現する行動」と定義されるでしょう。

この新しい定義に従えば、本能かどうかの判定には、注目する行動にかかわるすべての組織と器官の発生に経験がかかわるかどうかを確かめなければなりません。しかしそれは頭で考えることはできても、実際には実行不可能です。一つひとつの組織や器官の発生を精査し、その発生に経験が関与しているかどうかを決定することは、現在の研究技術レベルを超えています。実際、これまで本能行動とされてきた行動で、この定義を満足する本能行動は見つからないでしょう。

しかし一方で新しい厳格な定義を満足できないとしても、本能と考えられる行動はたくさんあることも事実です。例えば前章冒頭で述べた通り、ハトのヒナは筒に入れて羽ばたきを抑制されても（経験剥奪《はくだつ》実験）正常に羽ばたけることが示されましたが、これはその一例です。あるいは生後間もないヌーの新生児が、ひとりで立ち上がったり歩いたりする行動は、新生児が事前の試行や練習なしでこれらの行動を成し遂げることができることから、本能であることはほとんど間違いないと考えられます。同様に特殊なさえずりや求愛行動など、繁殖期にはじめて行う行動も本能行動とみなしていいと考えられます。

さらに注目すべきは、行動にかかわる組織や器官の発生過程です。これらの組織や器官は、基本的かつ一般的に外部の環境からほとんど完全に遮断された状態で、前述のキイロショウジョウバエのmAL ニューロンのように、いろいろな遺伝子の働き（形質発現）を通して発生し、形態形成を成し遂げます。つまりこれらの組織や器官は、卵や子宮内で祖先から受け継がれてきた遺伝情報に基づいて、自律的あるいは経験独立的に発生します。したがってこのように経験独立的に発生した組織や器官に基づいて組み立てられる行動は、基本的に生得的あるいは本能的であるとみなしても大きな誤りはないと考えることができます。本書はこのような考えの下に編まれました。

学習にも必須の本能

本章でこれまで述べてきたことは、練習や外界の環境要因は動物の行動の発達に何らの影響も与えない、ということを意味しているわけではありません。例えば第6章で紹介したように、ハトのヒナの飛翔行動はヒナが筒に入れられて羽ばたきを制限されても、しかるべき巣立ちの日が来ると飛び立って飛翔することができますが（行動の成熟）、しかしこれはヒナが一般的に巣立ち前に巣で行う羽ばたきの練習が、飛翔行動の発達に何らの影響も与えないということを意味しているのではありません。

実際、巣立ち前に羽ばたきの練習を何度も繰り返したヒナは、筒の中で過ごしたヒナに比べ、飛翔筋や骨格がよりよく発達しているのは間違いないでしょう。羽ばたきにかかわる行動楽譜と実際の羽ばたきを引き起こす飛翔筋との連携もよりなめらかであるに違いありません。したがって詳しく調べれば、羽ばたきの練習を積んだヒナの飛翔は、そうでないヒナの飛翔よりもよりよく発達していることもおそらく間違いないでしょう。

しかし大事なことは、この場合ヒナの中枢神経系の中に飛翔の行動楽譜がなければ、ヒナはそもそも羽ばたきの練習すらできない、ということです。行動楽譜がなければ初歩的で、ぎこちない羽ばたきのまねごとすらできないはずです。こういう意味で、生得的な行動楽譜あるいは本能は、羽ばたきの発達に必須であるといえます。習得的行動といえども、生得的な行動楽譜なしで発達する可能性はほとんどないといっても過言ではないでしょう。このことは羽ばたきだけでなく、動物の行動一般について当てはまると考えられます。

本能はその他の学習においても必須の役割を演じています。例えばヒツジのメスは出産後に接した子ヒツジの匂いを嗅ぎ、その匂いを発する個体を自分の子として認識し、親子関係を形成します。母ヒツジはその匂いのする子ヒツジだけを庇護し、授乳します。子ヒツジに危害を及ぼすものに対しては敢然と立ち向かい、子ヒツジを保護します。

これは一見、典型的な習得的行動のように見えます。しかしここで問題になるのは、メスヒツジが出産後に経験した匂いを発する個体を、なぜ我が子として認識するようになるかです。なぜ放っておいてもいい個体、あるいは敵対的なライバルとして認識するようにならないかです。

母ヒツジはこのとき、生まれ出た子ヒツジが我が子かどうかを試行錯誤して確かめるような振る舞いは一切しません。母ヒツジは出産後に接する子ヒツジを無条件に我が子として認識するようになります。これははじめて出産した母ヒツジについても同様です。これらの観察は母ヒツジが出産後に経験した匂いを発する個体が、母ヒツジにとってどのような関係の個体かという認識が生得的に方向づけられていることを示しています。「出産後に最初に嗅いだ匂いの個体＝我が子」という生得的な認識形成の仕組みが存在することを強く示しています。

同じことはガンやカモなどのヒナによる親の学習（刷り込み）についても当てはまります。

これらの鳥のヒナは孵化後十数時間前後に遭遇した「動く物体」を追い、ひたすらついて回ります。この間にヒナはその動く物体を自分の親として認識するようになります。この「動く物体」を親とする認識形成は、母ヒツジによる子ヒツジ認識の形成と同様に、生得的な認識形成の仕組みのうえに成り立っていると考えられます。

実際このことは、孵化後2日齢のヒナの「動く物体」に対する行動を見ればより明確になります。孵化後2日齢のヒナは同じ「動く物体」に対して、不安のときに発するピーピーという鳴き声を上げながら「動く物体」から逃げ回ります。その行動はヒナが「動く物体」を恐怖の対象として認識していることを示しています。同じ「動く物体」を親ではなく自分に危害を与える危険物として認識したのです。

このヒナによる親の刷り込みは、本能が行動発達の時間的スケジュールとしても決定的な役割を演じていることを示しています。つまり『「動く物体」＝親』という認識は、ヒナの日齢が孵化後十数時間のときに限って形成されます。この時間が過ぎて孵化後24時間以降になると、同じ「動く物体」は危険なものとして認識されるようになるのです。本能はこのように親などの行動の対象を学習するのはいつか、その時間スケジュールについても決定権を有しています。

鳥がさえずりを発達させるときに、その鳥を他の鳥から聴覚的に隔離すると、ある種の鳥では正常なさえずりが発達しないことが知られています。これは明らかに正常なさえずりの発達に聴覚的経験が大事であることを示しています。しかし聞いた鳥のさえずりなら何でも学習するというわけでもありません。例えばウタスズメやヌマウタスズメは学習によってさえずりを発達させますが、しかしそこで学習できるさえずりは自分と同じ種のさえずりに限られます。学習すべきさえずりが生得的に決まっているのです。

ミツバチは新しい餌（花）場を見つけるときに、試行錯誤的にいろいろな花を訪れて蜜を採取します。その際ミツバチは多くの蜜を出す花に何度か遭遇すると、その花の色や匂いを学習します。そしていったんその有望な花を学習すると、その花から集中的に蜜を集めるようになります。このような学習は試行錯誤学習と呼ばれ、広範囲の動物で知られている一般的な学習です。

試行錯誤学習が成り立つためには、他の学習と同様に生得的な行動楽譜が不可欠です。すなわちミツバチはまず花を探して飛び回らなければなりません。花に降り立ったら口吻を伸ばして蜜を探り当て、そのうえで蜜を吸いあげなければなりません。ここではじめてミツバチは多量の蜜と、それを提供した花の色や香りとを結びつけて学習することができます。

このようにミツバチが蜜をよく分泌する花の特徴を覚えるためには、いろいろな花を訪れて蜜を採取するという花の探索行動が前提になります。この前提となる行動なくしてミツバチは蜜をよく分泌する有望な花の特徴を学習することはできません。すなわちここでも訪花や蜜吸い行動を組み立てる生得的な行動が、この試行錯誤学習の前提になっています。

以上をまとめると、動物の学習は、それが行動の成熟や、子や親のような行動の対象の学習、あるいは多くの蜜を出す花とその花の特徴を結びつける連合学習、さらには試行錯誤学習であっても、一歩踏み込んでみるとそれらの学習のいずれかの過程で生得的な本能行動に依存していることが分かります。

これに対して、動物が生得的行動楽譜あるいは本能行動と異なる全く新しいパターンの行動を習得的に創り出す例はほとんど知られていません。オウムやインコは人の話し言葉をまねて「喋《しゃべ》り」ますが、これはごく稀な例外といえるでしょう。

このように見てくると、本能はかつて考えられていた以上に広範囲の動物の広範囲の行動に深く関与していることが分かります。本能は行動一般の基礎をなす行動の最も基本的で最も重要な核心的装置であるといえます。それに比べると、学習は本能では対応できない現場の具体的要求に応える任を担った補助的装置のような役割を受け持っているといえるかもしれません。いずれにせよ、本能の行動における重要性は以前にもまして、格段に高いと考えられます。

第8章　人間の本能

人間は経験に基づいて行動を変容する典型的な学習型の動物といわれています。しかし人間の行動も行動の基盤となる行動の組み立てについては、基本的に生得的な行動中枢に依存していることは、他の動物と同様です。本章ではそのような人間に見られる本能行動について概観します。

新生児の行動

人間の新生児は他の哺乳類の新生児に比べて未熟であることが大きな特徴のひとつです。実際、誕生した新生児あるいは赤ん坊は、その後しばらくの期間、泣き声を上げることと乳を吸うことくらいしかできません。それゆえ赤ん坊は生命の維持と身の安全を完全に親、とりわけ母親に依存しています。

新生児がまずすべきことは、母親を自分の世話に誘導することです。自分の空腹を満たすために母親を呼び寄せ、授乳行動を引き起こさせることです。濡《ぬ》れたおむつを交換し、自分の衛生環境を改善し、良好な衛生環境を維持させることです。生命の維持にかかわるこのような課題を赤ん坊は誰から教わることもなく、泣き声を発することによって完璧にこなします。まさに本能の力です。

実際、赤ん坊の泣き声はどんな母親も抵抗できない強力な力を持っています。赤ん坊の泣き声は母親を直ちに世話行動にかりたてます。母親は赤ん坊の泣き声を聞くと、台所仕事の最中であっても、即座に仕事を中断して赤ん坊のところに駆け寄ります。赤ん坊の泣き声を無視して仕事を続けられる母親は滅多にいないでしょう。

それどころか、母親は赤ん坊の泣き声を聞きつけただけで乳房が緊張して乳分泌の準備を整えます。あるいは実際に乳分泌を起こす母親も珍しくありません。これらもまた母親に兼ね備わっている本能的反射です。赤ん坊の泣き声はその反射を強力に引き出します。

赤ん坊は自分の発する泣き声が、母親に対してこのように大きな効果を発揮することを知っている可能性は全くないといっても間違いないでしょう。赤ん坊はただ空腹や汚れたおむつから得られる何らかの刺激に単純に反応しているだけのことだと思われます。生得的な生理学的メカニズムによって発現する本能行動であるに違いありません。

泣き声を上げる行動そのものも生得的であることは間違いありません。鳴き声を上げるには、腹筋や横隔膜などの協調的収縮が不可欠です。もちろんこれらの筋肉を適切にタイミングを合わせ、声帯を適切に緊張させることも大事な要件です。当然のことながら、そのときに口を開くことも怠ってはいけません。これらの泣き声の発生の基礎になっている多くの筋肉の協調的収縮は、生まれた直後の赤ん坊に一般的に見られる行動で、それゆえ経験を必要としない本能行動です。

母親を呼び寄せた赤ん坊は、次に口に触れた母親の乳頭に吸い付き、乳を吸わなくてはなりません。乳吸い行動は序章で紹介した通り、複数の筋肉が極めて精緻な協調関係の下に活動してはじめて可能になる難しい行動です。それを哺乳類の新生児は生得的に備わっている行動中枢に基づいて本能的に行っていることはすでに述べた通りです。

赤ん坊はこの後、非流動食を食べるようになりますがこの食事行動も本能行動に違いありません。赤ん坊は誰から教わることがなくても、口にスプーンが触れると口を開けます。口に入ったものを噛み砕きます。舌を巧みに動かして食物を口内で移動したり、こねまわしたりします。そして食物が適度にこまかくなると、それを飲み込みます。これらの難しい行動は本能の力なしではできません。

人間の赤ん坊は誕生直後から手に触れた物を力強く握る反射的行動を行います。その際の握力は驚くほど強力です。しかし赤ん坊のこの強力な物を摑む行動が、何の役に立っているかは不明です。人間に最も近縁のチンパンジーの赤ん坊は、母親の体毛をしっかりと摑んで母親にしがみつきます。それに比べると人間の母親には、赤ん坊がしがみつけるほどに発達した体毛はありません。おそらく人間の赤ん坊が指を折り曲げて触れた物を摑む行動は、チンパンジーと人間の共通の祖先に由来する行動で、母親に体毛がない人間では今や無用となった痕跡的行動と考えられます。

物摑み行動の機能は別として、赤ん坊が5本の指を協調的に同時に曲げる物摑み行動は、行動の組み立ての観点から見ると決して単純な行動ではありません。指は3つの関節で折れ曲がりますが、それには各関節で指を曲げるいくつもの屈筋が同時かつ協調的に収縮しなければなりません。もちろん屈筋が収縮するときは指を伸ばす伸筋は活動を停止しなければなりません。もし屈筋と伸筋が同時に収縮するなら、指はいたずらに痙攣《けいれん》するだけでしょう。

指の屈曲は関節が3つあることから、物を摑む行動は関節が1つのモンシロチョウの翅の打ち上げや打ち下ろし行動と比べると、関連筋肉の協調的活動が格段に複雑な行動であるといえます。その活動は生得的な行動中枢なしでは不可能といっていいでしょう。

自発的な行動の発達

赤ん坊は生後しばらく経つと、寝たままの姿勢で手足を伸ばしたり縮めたりする行動を自発的に行います。赤ん坊はこれを誰から教わることもなく、内発的な駆動力によって実行します。その行動は、なるほどはじめのころは協調が十分にとれていないためにぎこちなさが目につきます。しかしそのぎこちない手足の曲げ伸ばし行動であっても、多くの筋肉の協調的な活動によって実現していることを考えると、この行動にも生得的な行動中枢の関与を想定せざるを得ません。

同様のことはその後の赤ん坊の行動についてもいえるでしょう。例えば寝返り行動や四つん這いで這う行動、立ち上がり行動などは、すべて赤ん坊が自発的に発現する行動です。その後に発現する二足歩行は人の最も基本的な移動行動ですが、左右の肢を交互に繰り出すという単純そうに見えるこの行動が、実はモンシロチョウの羽ばたきなどに比べて格段に難しい行動であることは疑いの余地がありません。

人の新生児は、それを誕生直後に行うことができます。生まれたばかりの赤ん坊をまっすぐに立ててやると、まるで歩こうとしているかのように、左右の足を動かします。このような2本の足の協調的な運動は、生得的行動中枢なしには考えられません。子供の実際の歩行は体のバランスをとるなど、経験を通して発達し、洗練されますが、その土台となる多数の筋繊維の協調的活動は本能の力によることは間違いありません。

赤ん坊はその後の成長に伴って微笑んだり、驚いたり、あるいは不機嫌な表情を表すようになります。自分の気に入らないことに対して「いやいや」をする拒絶の気持ちを表すようにもなります。このような人間に見られる感情の表現は、人間の社会で生きていくうえで必須の行動ですが、赤ん坊はこれらの感情表現行動もまた自発的に表出し、発達させていきます。

微笑みや笑顔、悲しみや怒りの表情もまた本能的に発現し、完成されていくことが示されています。盲聾唖《もうろうあ》の障害を持つ子供の行動発達の研究によると、これらの表情発現の行動は、これを見たり聞いたりする経験ができないこれらの子供にも、正常に発達することが観察されています。

例えば人が微笑むところを見たこともない目の見えない子供は、しかるべきときにそれとはっきり認識できる微笑みの表情を表します。他人に微笑みと分かる表情を作ることは、これにかかわる多くの表情筋の高度の協調が必要です。もしいずれかの表情筋の活動にいささかなりとも協調の乱れがあれば、その表情は微笑みとは違う複雑な感情を表すことになるでしょう。このような表情筋の協調的活動は、生得的行動中枢なしでは考えられません。

盲聾唖の子供は、状況から判断して笑いが起こるべきときに、口を大きく開けて笑い声を発するのと同じ行動を行います。さらには頭と上半身をのけぞらせる付随行動も行います。悲しいときには誰が見ても悲しいと分かる表情を表します。何かを拒絶するときは顔をしかめて不同意の表情を表すと同時に、頭を左右に振る行動も行います。同時に腕を前方に突き出し、いやいや行動も行います。

人間に特によく発達しているこれらの感情を表す行動が、見たり聞いたり、あるいは声を出すことを経験したことがない子供にも正常に発達することは、これらの感情表出行動が本能的行動であることを示しています。それはまた、人であれば誰でも生まれて間もないときから完璧にこなさなければならない、極めて重要な行動であることの証左でもあります。それは長い人の進化の中で、時間をかけて発達してきたに違いありません。

困難な新しい行動の組み立て

本章の冒頭で、人は学習によって行動を発達させる典型的な動物であると述べましたが、実はこれには若干の補足説明が必要です。それは何かというと、人が経験を通して学び取るのは、ほとんどもっぱら行動の発現や行動の強度の調節などであることです。例えば怒りを感じて誰かを攻撃する際、子供はそれをストレートに行動に移しますが、大人は状況を察して攻撃を抑制したり、あるいは穏やかに言葉で諭したりなどします。

それに対して行動の組み立て、あるいは行動中枢そのものを経験を通して作り上げることは、私の知る限りほんのわずかしかありません。その代表は言葉による行動です。すなわち唇や舌などの関連発声器官を巧みに動かして、しかるべき言葉を話すことは繰り返し練習することで発達します。経験を通して言葉の意味を理解すると同時に、言葉を一定の規則に従って並べて意味のある文章を作り上げるのも学習を通して発達します。言葉の学習は長い時間をかけ、繰り返し練習することで発達し完成します。

同様に生得的に兼ね備わっていない全く新しい行動、すなわち新しい行動中枢を新規に組み立てるには、長い時間をかけて練習することが不可欠です。それは普段使うことがない筋組織を新たに動員したり、あるいは全く新しい組み合わせの筋肉を協調的に活動させたりすることがいかに難しいことかを雄弁に語っています。この点をもう少し深く知るために、スキーのジャンプを例にとって説明しましょう。

スキーのジャンプは人類の祖先が決して経験することがなかった全く新しい行動です。細長い板に乗って空中に飛び出し、１００メートルをも超える距離を飛ぶなどということは、人の進化史上、誰一人として経験したことがありません。祖先の普段の生活の中で、このような途方もない行動が要求されたことはありません。

それゆえスキージャンプにかかわる行動中枢は、人の行動メカニズムの中に組み込まれたことはありません。当然の結果として、現代人の中でこのスキージャンプの行動中枢を生まれながらにして備え持つ人はいません。このためこの新しい行動は繰り返し練習することでしか会得できません。

しかしこの新しい行動を練習あるいは試行錯誤で身につけることは、極めて難しいことです。またいくら練習を積んだからといって、誰もがこれを習得できるというわけでもありません。それどころか、曲がりなりにもジャンプするところまで到達できる人は、ほんの一握りでしょう。

スキージャンプがそれほどまでに習得が困難な理由の主たる理由は、この行動の中枢が、人が進化史の中で培ってきた行動的性質と相容《あいい》れない感覚や筋肉の活動を要求するからです。ひどく理不尽な動作を要求する行動だからです。

例えば目もくらむ急傾斜のアプローチを時速１００キロメートル近い猛スピードで滑走してシャンツェを蹴って空中に飛び出すことは、人の進化史上はじめてのことです。数百万年以前に地上生活を始めて以来、普段の生活の中でこのような高所から身を投げ出すような無謀な行動は、祖先の誰にも要求されたことはなかったはずです。スキージャンプのように空中に飛び出して外敵から逃げる、あるいは同様に獲物を捕らえるなどの行動が生活の中で繰り広げられたことなどあり得ません。それゆえ空中に飛び出すという行動中枢も進化していないことは明らかです。

人の進化史の中で発達し、定着している行動中枢は、前方への飛び出しの瞬間、危険に備えて身を守る防衛行動の行動中枢でしょう。例えば腕は前方に伸ばして落下の衝撃に備える動作をするでしょう。しかしスキージャンプでは腕はこれと全く逆の動作が要求されます。腕は前方ではなく後方に伸ばし、かつ少し開きます。スキーのジャンプでは、腕は生得的に備わっている身の防衛行動とは真逆の行動をしなければならないのです。これは無謀にも地面に向かって顔面から突っ込んでいく危険この上ないとても理不尽な行動です。

飛び出した後の空中姿勢も人に生得的に備わっている本能行動と相容れません。空中では人は本能的に体を縮めて小さくなろうとするでしょう。しかしジャンプでは体を伸ばし、腕を広げてより効果的に風を受ける姿勢が要求されます。腰も伸ばします。体は深く前傾しなければなりません。縮こまったへっぴり腰の姿勢では飛距離は出ません。これらの動作あるいは行動は、人の本能が教える行動とは全く相容れません。それゆえにスキージャンプを習得することは至難の業なのです。

スキージャンプほど極端でない、もっと身近な例として逆立ちして歩くことを考えてみましょう。これはスキーのジャンプのような強い恐怖は起こらないものの、それでも怖い思いが伴います。これは多くの人が経験していることでしょう。もちろん腕は全体重を支えるようには発達していません。これは逆立ちを物理的に難しくします。

しかしそれを差し引いても、体のバランスを巧みにとることは容易ではありません。逆立ちにチャレンジしながら挫折した人はたくさんいるはずです。ましてやその姿勢を維持しつつ歩くことは、もっと困難です。それはこの行動が人の進化史の中で、移動方法として採用されなかったからです。それゆえそのような行動中枢が進化しなかったのです。

ここでこのような事例を挙げたのは、進化的に獲得した行動中枢と関係のない、新しい行動中枢の組み立てがいかに困難であるかを知っていただきたいからです。裏を返せば、多くの筋肉を協調的に駆動して意味ある行動を組み立てる行動中枢の重要さを再認識してもらいたいからです。そんなにも高度かつ精密に組織化された生得的行動中枢、すなわち本能がいかに奇跡的であるかを強調したいからにほかなりません。

危険に備える本能

人も他の動物同様に生命を脅かすいろいろな危険に対する防衛行動を身につけています。例えば人は、人が出入りしない深山《みやま》の森の中に分け入ったときなどに、突然クマや毒ヘビなどの危険な動物に出会いはしないかと緊張し、警戒レベルを高めます。夜遅く人通りがない暗い裏通りをひとり家路に急いでいるときに、背後から近づく靴音を聞きつけたときなど、人は迫り来るかも知れない危険に身構えます。

このような危険を予感させる状況は、直ちに脳と自律神経に働きかけます。自律神経は消化管や心臓、血管、肺などの活動を自律的に制御している神経系ですが、人が危険を察知すると一気に活動を高めます。副腎からはアドレナリンやコルチゾールなどのホルモンが放出されます。

体はこれに敏感に反応します。心臓は大きく収縮／弛緩《しかん》を繰り返すと同時に、拍動速度を高めます。心拍数は平静時の2〜3倍に急上昇します。これは自転車のペダルを15分くらい一生懸命に漕《こ》いだときに達成されるレベルの心臓の活動に相当するといわれます。亢進《こうしん》した心臓の活動は必要とされる体の各所に血液を送り届けます。特に逃走や格闘などの防衛行動に動員される四肢の骨格筋などの運動器官には、多量の血液が送られます。このためにそれらの部位の血管は拡張し、血液の流れを促進します。逆にこのような緊急時ではあまり重要でない胃や腸などへの血流は抑えられます。

心臓の活動の高まりと同時に、呼吸運動も高まります。これによって肺は多くの空気を吸い込み、血液に酸素を供給します。血中の酸素は血流に乗って直ちに筋肉に送られ、そこで筋肉の活発な活動に必要な酸素を供給します。これらの体の生理的反応は、防衛行動や攻撃行動などの激しい行動に備えるために重要な反応です。

しかし人はこのような生理的反応の仕組みを知っていて、それを意図的に発動しているわけではありません。ほとんどの人は、危険に遭遇したとき、あるいは強度の緊張を強いられたときに、なぜ心臓が高鳴り、息遣いの荒い呼吸が起こるかを知りません。またこれらの生理的反応を意図的に引き起こすことはできません。

したがってこの緊急時の生理的反応は、訓練して得られるものではありません。意図的にアドレナリンの放出を高めたり、心臓を意図的に早鐘のように速く拍動することもできません。血流を増やすために血管を広げることもできません。これらの生理的反応はすべて人の無意識下で、自動的に発生し、進行する本能的な生理的反応です。

緊急時の行動を支えるこの生理的反応は、進化的に非常に古い行動的性質です。人類の進化的起源は数百万年前のアフリカのサバンナに求められます。その当時そこで生活していた祖先はヒョウやライオンなどの大型のネコ科の動物や、リカオンなどのイヌ科の動物の危険にさらされていたことが化石の研究によって示されています。

例えば約200万年前にアフリカで発見された化石がひとつの有力な証拠を提示しています。当時アフリカに棲んでいた祖先は、ホモ・ハビリスという学名を授けられた化石人類です。ホモ・ハビリスはラテン語で「賢い人」という意味ですが、彼らがそう命名されたのは、彼らが粗末ながらはじめて石器を作った人類であるとされているからです。

そのホモ・ハビリスの化石のひとつに推定年齢11歳の子供の頭骨の化石があります。その頭骨に穿たれた2つの円い穴は、同時代に棲息していたヒョウの2本の犬歯とぴったり一致しました。ハビリスなど、サバンナで進化した祖先には、常にこのような捕食の危険がありましたが、このような危険な環境に対して、祖先はここに述べた適応的な生理的仕組みを進化させ、それによって生命の維持を図ってきました。その仕組みは今もなお、我々現代人の中でもしっかりと息づいているのです。

思いを寄せる異性

人は一般的に十代の半ばあたりまで成長すると、異性に対する関心が芽生えます。そして秘《ひそ》かに思いを寄せる異性との人間的つながりを築こうと努力します。待ち伏せして出会いの機会を模索したり、手紙で思いを打ち明けたりします。相手が喜びそうなことをして気を引こうと努力します。これらの異性に対する利他的な気遣いや振る舞いは、誰から教わるまでもなくその年齢に達すると自然と若者の中に芽生え、行動として現れる本能的性質です。

男あるいは女が異性に対して抱く思いは人それぞれですが、それでも男が好む女、あるいは女が望む男の特徴には、文化の違いを超えた共通性が認められます。そのひとつは相手の年齢です。「若い」ことが異文化を通して観察された男の女に対する大きな関心事です。同時に細いウェストと大きめのヒップです。好まれる「ウェスト／ヒップ」比を異文化の男たちについて調べて比較すると、最も大きな魅力を引き起こすウェスト／ヒップ比は０・７であると報告されています。

異文化の下で生活してきた男に観察されたこの好まれる異性像は、これが文化に左右されない生得的性質、つまり本能的性質であることを示唆しています。換言すれば若いことと、細いウェストと大きなヒップを好むこの性質は、祖先の男にとって何らかの生殖上の意味がある性質であることを示唆しています。この分野の研究者は、このような特徴を持つ女は、男の生殖相手として好ましいからだと考えています。つまりより多くの子供を産んでくれると期待されるからだとされます。

例えば年齢が若いことは、より長く生殖活動に従事できること、つまりは期待される子供の数が多いことを意味します。したがってそのような女を生殖相手として好む性質は、進化的に有利な性質であるがゆえに祖先の男に進化し、現在まで受け継がれてきたと考えられます。

またくびれたウェストは女が妊娠していないこと、あるいは処女であることを示唆する特徴とされます。これは男にとって最も重要な関心事です。なぜなら妻が他の男の子供を身ごもるということに無関心あるいは鷹揚《おうよう》な男は、自然淘汰が決して許さないからです。このような男は、その性質を受け継ぐ子を遺すことができないからです。それゆえ男のそのような性質は進化することができません。祖先の男に進化した性質は、これとは正反対の妻の浮気を許さない性質です。

大きなヒップは豊かな脂肪の蓄積を表す指標のひとつです。脂肪は現代の文化ではどちらかというと好ましからざる特徴のようにいわれますが、これは必ずしも正しくありません。特に決して恵まれた食糧環境とはいえないサバンナで数百万年の間生活してきた祖先人類にとっては、栄養の摂取は生存と生殖にとって最も大事な課題でしたが、その点、脂肪の蓄積は栄養の摂取がどれくらい首尾よくなされているかを示す重要な指標になったと思われます。

実は脂肪は女の性生理と深くかかわっています。女の脂肪は初潮の開始に重要な影響を与えます。脂肪の蓄積が一定レベルに達すると、初潮、つまり排卵が開始されます。生殖の準備が整うのです。

これと関連して、思春期に向かう女が過度に激しいスポーツに取り組んでいると、脂肪の蓄積が滞って初潮が遅れることが知られています。性的に成熟した年齢の女でも、過度の運動をしたり拒食症で食事を十分にとれない場合には、生理が停止することがあります。要するに女の脂肪は性生理の発達や生殖能力の維持に重要な役割を演じています。

このように祖先の男が女の若さや脂肪の蓄積を表す肉体的特徴に関心を持つことは、単なる審美眼的な関心事ではなく、女がどれくらい多くの子を遺すかにかかわる進化生態学的問題だったことを示しています。

一方、女は男ほどに男の肉体的特徴を問題にしません。研究によると、女が好む男にも異文化を通して共通する特徴が認められています。まず女が気にする男の特徴のひとつは男の年齢です。いろいろな文化の下で生活している女が共通して好んだ男の年齢は、自分よりも年齢の高い男です。女が好む男は平均3歳年上の男でした。

女が好む男の特徴あるいは条件の2つ目は経済的能力、つまり収入です。これは女にとっては、やがて始まる子供を含む家族生活の安定性を占う大事な要件です。世界の33か国、1万人についての調査によると、女が求める男の経済的豊かさは、男が女に求める経済的豊かさよりも2倍ほど高い、という結果が得られています。

十分量の食べ物を安定して確保すること、あるいはそのための経済的安定を確保することは、人類の進化以来、どの時代の人にも等しくのしかかってきた進化的圧力でした。特に肉体的に男よりもひ弱であるがゆえに、日々の糧、とりわけ動物性タンパク質などを男に依存せざるを得なかった女にとって、男の食糧確保の技能などに関心を抱き、それを結婚の条件として重要視することは極めて自然です。貨幣をもって生活維持に充てる現代にあっては、女が男の高い経済力に魅《ひ》かれるのは、これまた当然といえるでしょう。

ただしここに述べた異性に対する好みについては、異文化を通して共通しているという報告に矛盾する研究報告もあります。さらに現代社会で見られる多様な性文化などを考慮すると、この種の研究報告についてはより慎重な考察が求められるでしょう。

無意識下の配偶者選択

人の配偶者の選択には、これ以外にも気立てなどいくつかの要件が示されていますが、実は人の意識に上らない無意識下の要因が配偶者の選択にかかわっていることも知られています。私がそれをはじめて知らされたのは1997年のことでした。この年、第25回国際行動学会がオーストリアのウィーンで開催されました。学会のプログラムに目を通した私は、人の配偶者選択についての興味ある発表に強い関心を抱きました。

発表の時間が来る少し前に発表会場に行ったところ、そこにはすでに多くの聴衆が押し寄せていましたが、それでも押し寄せる聴衆の勢いは止まらず、会場と会場への廊下は人でごった返していました。結局、この講演発表は急遽《きゅうきょ》、会場を大きなホールに変更して行われました。このことは期せずして、人がこの種の話題にいかに強い関心を持っているかを示しています。

私の記憶では、若い男が2、3日着ていた下着をそれぞれ別々の箱に入れ、その匂いを若い女に嗅いでもらい、その匂いが好きか嫌いかを判定してもらう実験でした。下着は外からは見えないようになっています。要するに男の体臭に対する女の好感度を測ったのです。

結果は驚くべきものでした。女が好む男の体臭はランダムでなく、一定の傾向があることを示しました。若い女の男の体臭に対する好感度は、男のルックスと関係があり、ルックスがいいほどその男の体臭が好まれることが分かりました。ここでルックスというのは、眉毛や目、あるいはほほのふくらみなどの左右の対称性のことで、対称性が高いほど顔が整っていること、つまりルックスがいいとされました。

この実験結果は、人は特に明確に意識に上らない嗅覚的刺激に対して感受性を有していること、また無意識下のその嗅覚的刺激に対して好き嫌いがあることを示唆しています。場合によっては、人は異性の匂いを無意識下で感受し、それをひとつの手掛かりにして配偶者の選択に用いている可能性を示唆しています。

その後の同様の実験によって、ある大学の女子学生が嗅ぎ分けているTシャツにしみついた男子学生の体臭の違いが何に由来するか、その原因因子が明らかになりました。それはMHCという一群の遺伝子によって作られる糖タンパク質です。MHCは主要組織適合性複合体の英語名の3つの単語の頭文字です。この複合体あるいはそれによって作られる糖タンパク質は極めて多様で、一卵性双生児以外、同じMHCタンパク質を持っている人はほとんどいません。MHCタンパク質はいうなれば遺伝子あるいは分子指紋ともいえる個人に特異的な遺伝物質です。

MHCは多くの脊椎動物で認められている遺伝子群で、それによって生成されるMHCタンパク質は、体内に入ってきた細菌やウイルスを識別し、その後の免疫機構発動のきっかけを作ります。厄介なことに、MHCは人の臓器移植でも力を発揮します。MHCタンパク質は移植臓器が自己のものか、あるいは自己のものではないか（自己か非自己か）を識別し、移植された非自己の臓器の排除を誘発するからです。いわゆる拒絶反応です。したがって臓器移植を成功させるためにはこのMHCあるいはMHCタンパク質の作用を抑えなければなりません。

実験の結果、興味深いことが明らかになりました。女子学生は自分のMHC遺伝子群と異なるタイプのMHC遺伝子群を持つ男子学生の体臭を「快い」と感じることが分かったのです。もちろん女子学生はどのＴシャツがどの男子学生のものかを知らされていません。男子学生のＭＨＣについても何も知らされていません。それどころか自分自身のＭＨＣタイプがどんなタイプかも知りません。にもかかわらず、女子学生は自分のＭＨＣのタイプと異なるタイプの男子の体臭に対して好感を抱いたのです。

では女の異なるＭＨＣに対する選好性に何らかの意味はあるのでしょうか。考えられる重要な機能のひとつは近親交配の回避です。近親交配が、それによって生まれた子に生物学的な障害をもたらすことはいろいろな動物で認められています。このことは人でも同じです。一般社会から隔絶した閉鎖集団で生活し、かつ集団内での結婚を繰り返してきたアメリカのある宗教集団では、指の数が多い多指や手足の短い子の発生頻度が一般社会と比べて顕著に高いことが分かっています。

人ではＭＨＣがこの近親交配の回避に重要な役割を果たしていると考えられています。つまりＭＨＣは遺伝するので、両親や兄弟姉妹などの近親者間では類似度が高く、血縁度が小さいほど類似度は低くなります。それゆえ自分のＭＨＣとの違いが大きいＭＨＣを持つ異性は少なくとも近親交配の恐れがない異性ということになります。

ＭＨＣの違いが、どのような仕組みで体臭の違いをもたらすかについてはまだ十分には明らかにされていません。そのような中で、ひとつの可能性として浮かび上がっているのは人の皮膚などに棲みついている細菌が原因とする考えです。

人の皮膚などを生活場所とする細菌の種類は、細菌を病原菌として攻撃するMHCの違いによって異なることが考えられます。また細菌はその種類によって発生する匂いが異なる可能性があります。つまりMHCの違いによって皮膚などに棲息する細菌が異なり、その細菌が、異なる体臭を生み出して、女に近親者を避ける手掛かりを与えているのではないかと考えられるのです。

MHCによる近親交配の回避は、女あるいは人にとって自然淘汰上大きな利益をもたらしたはずです。人が長い進化史の中で獲得したこの仕組みと、それに基づいた女の配偶者選択能力は、本能の威力をいかんなく証明しています。

子育てを支える母性

生殖はどの動物にとっても最も重要な生物活動です。それゆえ自然淘汰は動物の生殖にかかわる性質や行動に強い淘汰圧をかけてきました。その結果、子の生産について有益な性質や行動は、遺伝的設計図として遺伝子に克明に書き込まれてきました。そしてそれは今、本能として発現し、人を含む動物の親の適切な子育て行動の基盤を支えています。

男と女が結婚して子供が生まれると、子育て本能は早速、母親を適切な子育て行動に駆り立てます。前述した通り、女は子供が生まれると子供に対する関心が強く高まります。そして子供のために自己犠牲的ともいえる奉仕的子育て行動を開始します。

母親となった女は、赤ん坊がちょっとでも泣き声を上げようものなら、何をしていようともそれを中断して赤ん坊のところに駆けつけます。そして「どうしたの？　お腹すいたの？」などと優しい声を掛けつつ、赤ん坊を抱きあげるなどしてあやします。それと同時に、あれこれと赤ん坊が泣く原因を探ります。原因が空腹と分かればすぐに授乳に入ります。またおむつが濡れていれば、せっせとおむつを取り替えます。この間、母親は赤ん坊への優しい呼びかけや愛撫《あいぶ》の手を止めることはありません。

母乳の分泌や母親の子育て行動の基礎を支える生理的性質は、いくつかのホルモンの作用によって発現します。例えばオキシトシンやプロラクチンは出産後に血中濃度が高まり、母乳の分泌や維持などを生理的に支えます。それとともにこれらのホルモンは母親の子育て行動を促します。女が意識するしないにかかわらず、この内分泌系の仕組みは自動的に作動し、女を適切な子育て行動に誘導します。

母親のこのような献身的子育ては、一般に母性といわれます。正直、もし女に母性という生理的な子育ての仕組みがなかったなら、果たして人はいかにしてこの過酷ともいえる作業を成し遂げることができるのだろうか、と考えてしまいます。

母性は「子の生存や成長、あるいは生殖に寄与して子の生物的成功を高める母親の生殖性質あるいは行動」として定義できるでしょう。産み出した子を気遣い、守り、授乳するなど、子の生存と生殖に対して効果的な影響を及ぼす母親の性質や行動のことです。母性はもちろん人の母親だけでなく、母乳で子育てする哺乳類一般のメスに共通すると考えられる性質です。

過酷な哺乳類の子育て

子の餌が母親が分泌する乳であるという特殊事情のため、哺乳類の子育てでは母親の寄与が決定的に重要です。乳を分泌する器官が発達していないオスはこの点、子育てに参加しようにも参加できません。実際、哺乳類の子育てを概観すると、哺乳類のおよそ95パーセントの種では、子育てはもっぱらメスだけで行われます。これらの動物では、オスは生殖後にメスのもとから離れ、メスとは独立に生活します。

これと違って、人を含む残りの約5パーセントの哺乳類では、オスがメスのところに居残り、生まれ出た子の子育てを妻と一緒に行います。もちろんオスは子に対して授乳はできませんが、妻子を外敵から保護したり、妻に餌を運んだりすることで間接的に子育てを行います。

ではなぜこれら少数の哺乳類では、居残ってメスとともに子育てするオス、すなわち父親が進化したのでしょうか。父親の進化を行動生態学的に追究していくと、それがなぜ進化したか、その理由を示唆する問題が見えてきます。それは哺乳類自身が抱える哺乳類特有の特質です。

そのひとつは哺乳類が恒温動物であることです。外気温が高いか低いかにかかわらず、哺乳類は常に体温を一定範囲内に保ちます。体温は通常、外気温より高いのが普通です。そのために哺乳類は絶えず体内で栄養物質を分解して発熱しなければなりません。もし体温が一定レベル以下になると、哺乳類は死んでしまいます。

哺乳類は別名「獣＝毛物」といいますが、体に体毛が生えているのはまさに体温を失うことを防ぐためです。ところが多くの哺乳類の新生児は毛が生えていない赤子です。毛のない赤子は放置されると簡単に体温を失い、ついには命を失います。哺乳類ではこの危険を避けるために、母親が赤子に覆《おお》いかぶさるようにして赤子を包み込んで保温します。このため母親はできる限り巣にとどまらなければなりません。

もうひとつの重要な特質は、哺乳類は母乳で子を育てるということです。これはとりもなおさず、母親が自分自身の体組織の一部を餌にして子を育てるという、他に類を見ない子育て方法です。同じく子育てする鳥類では、ヒナの餌は虫や魚など、他の種の生物です。これに比べると、自らの体内をめぐる血液の中の栄養分を乳房で乳に変え、それを子に飲ませる哺乳類の子育ては極めて特異です。そのため母親は自分自身の体力維持のための栄養摂取に加えて、子の分の栄養も摂取しなければなりません。

哺乳類の母親は、このような哺乳類特有の問題に加えて、外敵から子を守るために注意を怠ることができません。時には身を賭して外敵と闘わなければなりません。巣に危険が及びそうになれば、子を連れて新しい安全なところに引っ越ししなければなりません。

こういうわけで哺乳類の母親は、子の保温や授乳、あるいは外敵からの子の防衛のためには、できるだけ巣にとどまらなければなりません。一方で自らの体力維持と母乳の生産のための餌の摂取のためには巣を離れなければなりません。哺乳類の母親はこのように二律背反の問題に直面しながら子育てしなければならないのです。さらにこれに動物が棲息する環境や生活スタイルから生じる問題に立ち向かわなければなりません。

一例として南米の樹上性のサルのタマリンを見てみましょう。タマリンは一度に2頭の子を産みますが、問題はタマリンの子が重いことです。2頭の子の体重は母親の体重の32〜40パーセントにも及びます。離乳時にはさらに増え、母親の体重の半分ほどになります。50キログラムの女が25キログラムもの重荷を背負って樹上を飛び回るようなものです。

このような不自由な状況下で、素早く動き回る昆虫を捕らえて栄養を確保し、母乳を生産し続けることは非常に困難です。そこで、もし子育てをメス単独で行うとすると、子育ては容易には成功しないでしょう。メスは子を失い、大きな損失を被る可能性が大です。

もしメスがこの子育てに失敗して子を失えば、それはオスの損失でもあります。オスも我が子を失うからです。メスが単独で子を育て上げることが困難な動物では、オスが妻子を遺棄すると、オスもメスも子を失う危険が大きいのです。このような場合、オスは妻子を遺棄するよりも、妻のところに居残って妻の子育てに協力する方が、結局はより多くの子を遺すことにつながります。

タマリンではおそらくこのような事情で子育てするオスが進化したと考えられます。実際、タマリンのオスはよく妻の子育てに協力します。妻の代わりに子を外敵から守ったり、子守りをしたり、あるいは子の運搬などに精を出します。

大きな脳がもたらした難問

人は男が子育てをする数少ない哺乳類の一種です。では人の男を子育てに導いた子育ての困難とは、どんなことでしょう。

これについてはいろいろな要因が考えられます。詳しくは他に譲り（小原嘉明『父親の進化――仕組んだ女と仕組まれた男』講談社、１９９８年。同『イヴの乳――動物行動学から見た子育ての進化と変遷』東京書籍、2005年)、ここでは最も可能性が高いと考えられる要因、つまり大きくなりすぎた脳仮説について紹介します。

脳は動物の体の大きさと正の相関があります。脊椎動物の脳の比較研究によると、脳は動物の体が大きくなるのに伴って大きくなります。これは哺乳類においても同じです。しかし人の脳はその相関関係から推測される脳の大きさから大きく上方に乖離《かいり》しています。人の実際の脳は推測される脳よりも、およそ3倍も大きいのです。人の推測脳サイズは420〜430ミリリットル程度ですが、実際の脳サイズは個人差や性差もありますが、おおよそ1300ミリリットルほどです。体の大きさからすれば、人の脳は飛びぬけて大きいのです。

ではは人の脳はなぜこんなにも大きくなったのでしょうか。これについては「言葉を話すため」や「道具を作るため」などの諸説があります。しかしこれらの考えには、進化生態学的観点から見て説明困難な疑問が残ります。現時点で最も説得的だと考えられる大きな脳を生み出した進化生態学的要因は、複雑な人間関係だと考えられます。複雑で錯綜《さくそう》する人間関係に首尾よく対処するためには、適切な社会的判断能力が求められます。大きな脳はそのために生み出された組織であるとする考えです。

大きな脳は人を人ならしめている高度の知能を生み出す源泉で、それゆえに大きな脳は一般的に高く評価されます。しかし大きな脳は一方で他の動物のメスにはない大きな障害を人の女にもたらします。それは大きな脳、あるいはそれを保護している頭蓋骨が出産に大きな困難をもたらしているからです。

女はこの大きな頭を産道を通して産み出すために、文字通り産みの苦しみを強いられます。そもそも子を産み出すことは、本来ひとりで完璧に成し遂げなければならないはずの、メスに求められる最低限の生殖行為です。事実、人以外のメスは皆それを確実に実行しています。ところが人の女の場合、たいてい助産師や産科医の力を借ります。このようなメスは人の女をおいてほかにありません。

これはどう見ても生物学的には異常としかいえません。それもこれも原因はひとつ。脳が大きいからです。いや、時に母子の命をも奪うこの出産に対する大きな弊害を考えると、人の脳は生物学的にあまりにも大きすぎるといっていいでしょう。

さて、ここで問題にしている脳の大きさは、妊娠期間と相関関係があります。脳が大きいほど妊娠期間は長くなります。この点に注目し、人の脳の大きさからそれに相当する人の妊娠期間を推測すると、妊娠期間はおよそ18か月になります。現在の人の10か月の妊娠期間に比べると、8か月も長いのです。もしこの妊娠期間が現実なら、出産を無事に乗り切る女はひとりとしていないでしょう。

このことを考えると、仮に18か月の妊娠期間が人の大きな脳にとって合理的であったとしても、それが人の進化史の中で実現したことはないでしょう。そのように長期にわたって子宮で子を育てる女は、大きすぎる頭を持った子を出産することはできなかったはずです。それどころか、現在の10か月の妊娠期間を延ばすような変異は、そのたびごとに出産の失敗に見舞われ、それゆえ自然淘汰によってふるい落とされたでしょう。

ここで自然淘汰が味方したのは、むしろ少しでも妊娠期間が短い女ではなかったでしょうか。自然淘汰は頭が大きくなりすぎないうちに、少し短めの妊娠期間でより安全に出産する「早産」性質に味方したと考えられます。一方で妊娠期間には、子はなるべく長く子宮内にとどめて大きく育ててから産む、という逆の傾向に味方する淘汰圧も働いた可能性があります。このような視点から見ると、現在の10か月の妊娠期間は両者の妥協点であると考えることができるでしょう。

母親を苦しめる未熟児

大きすぎる脳は困難な出産を招いただけでなく、もうひとつ母親の子育てを困難にする要因にもなりました。前述の通り、新生児が高度に未熟であるということです。それは人と近縁のチンパンジーと比べても明らかです。人の新生児はチンパンジーの新生児に比べて、運動機能を含むいろいろな能力が著しく未発達で、チンパンジーの胎児に相当する発生段階にとどまっています。チンパンジーの新生児がすでに子宮内で終えている発達過程を、人の新生児は生後1年をかけて追いかけている状態です。

この未熟児が母親の子育てを困難にしています。母親は体毛がないうえ、首も据わっていない子を抱くために両手を使わなければなりません。両手を塞がれている状態では外敵から逃走するにしても、また栄養価のある動物を捕獲するにしても、母親は大きなハンディを負います。これが「大きすぎる脳」の2つ目のマイナス効果です。

大きすぎる脳の3つ目のマイナス効果は、その高い栄養要求です。脳は他の組織より多くの栄養を消費します。脳の体重に占める割合は2パーセントですが、消費するエネルギーは体全体の組織が消費するエネルギーのおよそ20パーセントを占めます。脳組織の平時の活動を維持するために必要なエネルギーは、15ワットの電球を点灯し続けるのに必要なエネルギーに相当するといわれます。とにかく脳は栄養の大食い組織なのです。

もちろんこの栄養は全面的に母乳に依存しています。新生児の母親にとってつらいのは、子の脳組織の拡大が生後急速に進行することです。さらに悪いことに新生児の活発な栄養要求は、母親が手を自由に使えないで苦労しているその時期に高まります。

大きすぎる脳の子育てに対する負の効果は、このほかにもいくつかありますが、以上に述べた要因だけでも、大きすぎる脳が母親による単独での子育てを不可能にした有力な要因である可能性を示唆します。これに加えて子の保護や運搬、あるいは捕食者環境などの要因により、祖先の女を取り巻く厳しい環境が子育てをする男の進化を促したと考えられます。

父性の進化

子育てするオスには、メスの母性に対比されるべき父性が進化している可能性があります。父性は母性のオス版で、「子の生存や成長、あるいは生殖に寄与して子の生物的成功を高める父親の生殖性質あるいは行動」と定義します。実は人の男にも父性は進化していると考えられます。

それを示す一例は、男には男自身が気づいていない新生児の体臭に対する嗅覚的反応があることです。これを示した研究では、生後2、3週齢の新生児と、2〜4歳の幼児の体臭に対する男と女の嗅覚的反応が実験的にテストされました。そのために、これらの新生児と幼児は入浴して匂いのない石鹸《せっけん》でよく体を洗った後、新しい肌着を着せられました。肌着はそのまま数日間、着たままに保たれました。

この実験肌着の匂いを男女の実験参加者に嗅いでもらい、新生児と幼児の肌着の匂いをどう感じたかを答えてもらいました。その結果、意外にも女は新生児と幼児の肌着の匂いの違いを感知することができませんでした。大部分の女は匂いのついた肌着よりも、未使用の肌着の匂いに好感を示しました。

これに対して男は新生児が着た肌着の匂いに対して明確に好感を示しました。特に子供がいる男ははっきりと新生児の匂いが好きだと答えました。その後の研究で新生児の体臭には、男の嗅覚に働きかけるフェロモンがあることが分かりました。このフェロモンは鼻の中にある特殊な神経束によって直接脳の情動中枢に送られますが、普通は意識に上ることはありません。

このことは、この嗅覚的仕組みは本能的仕組みで、男は無意識下で新生児に対する本能的な父性行動を誘導されていることを示しています。男の子供を慈しむ心と、それから発する子供に対する思いやりのある行動は、父性の存在を示す証拠と考えられます。

実際、男は新生児を抱いてあやす、ミルクを飲ませる、おむつを交換するなどの子育てをやることに、やりがいや喜びを感じます。赤ん坊が呼びかけに答えてニコリと微笑もうものなら、たちまち大喜びし、さらに笑わせようと呼びかけを繰り返します。寝返りをうつ、ハイハイをする、つかまり立ちをする、歩くなど、子供が見せる成長に一喜一憂しながら子を慈しみ育てます。

父性は男の振る舞いのそちこちにも観察されます。例えばノーヒットノーランを達成したプロ野球のピッチャーが、「この記念のボールはどうしますか」というアナウンサーの問いかけに、「これは間もなく生まれてくる子供のために大事にとっておきます」と答えるシーンを目にした人は少なくないでしょう。「闘う父親の姿を見せたいので、子供がもの心つくまでボクシングは続けます」、「働く父親の背中を見せておきたい」など、子供に対する思いを吐露する男は珍しくありません。

このような例を挙げるまでもなく、子供の誕生や入学式、運動会で親ばかぶりを発揮する父親はよく見かけます。暇を見つけて子供と一緒に釣りをする父親など、男にも子供を慈しみ育てる父性が進化していることを示唆する場面は決して少なくありません。

しかし祖父母が同居していない現在の核家族では、子育ては往々にして女に一方的に依存して行われています。その結果多くの母親が肉体的にも、さらには精神的にも疲弊し、時に不幸な事件を起こしていることがしばしば報じられています。

これは本当に残念なことです。その主たる原因は、日本では父性がその力を発揮する社会的環境が整っていないことです。子育てをしようとしても、会社中心の日本社会ではそれを実行に移すことは容易ではありません。同僚や上司の目、会社の都合などが障害になって、せっかくの子育てのための有給休暇制度が有効に活用されないというのが実情です。これらの社会的環境が改善されれば、男も父性を無駄にすることなく、存分にその力を発揮できるというのにです。

最近（２０２０年末）の新聞報道によると、この社会問題については社会の改革などの指導的立場にある政治の世界でも、日本は世界に大きく遅れています。世界経済フォーラムによる男女平等の世界ランキングで日本は１２１位ですが、これを政治分野に限ってみると１４４位とさらに沈んでいます。男女平等と同様、男が何を恥じることも、また誰に遠慮することもなく、堂々と父性という本能に身をゆだね、子育てにかかわれる日が１日でも早く来ることを願わずにはいられません。

このことも含めて現代人が抱える人間の問題を考える際に、本能の声に耳を傾けてみるのも一考に値するのではないでしょうか。

イラスト・小原嘉明
図版制作・関根美有

小原嘉明（おばら・よしあき）

1942年福島県生まれ．東京農工大学農学部卒業．同大学教授等を経て，現在，尚絅学院大学客員研究員．東京農工大学名誉教授．この間，1997～2005年の９年間，ケンブリッジ大学にてMajerus M. E. N. 教授と共同研究．理学博士．専攻・動物行動学．
著書『入門！ 進化生物学』（中公新書，2016），『モンシロチョウ――キャベツ畑の動物行動学』（中公新書，2003），『まぼろし色のモンシロチョウ――翅にかくされた進化のなぞ』（福音館書店「たくさんのふしぎ」，2020），『暗闇の釣り師グローワーム』（福音館書店「たくさんのふしぎ」，2015），『アオムシの歩く道』（福音館書店「たくさんのふしぎ」，2013），『進化を飛躍させる新しい主役――モンシロチョウの世界から』（岩波ジュニア新書，2012），『イヴの乳――動物行動学から見た子育ての進化と変遷』（東京書籍，2005），『恋の動物行動学――モテるモテないは，何で決まる？』（日本経済新聞社，2000），『父親の進化――仕組んだ女と仕組まれた男』（講談社，1998），『行動生物学』（培風館，1997），『みつばち家族の大冒険――おどろくべきみつばちの生態』（偕成社，1992），『オスとメス求愛と生殖行動』（岩波ジュニア新書，1986），『入門 動物の行動』（岩波書店，1986）他．

本能《ほんのう》
――遺伝子《いでんし》に刻《きざ》まれた驚異《きょうい》の知恵《ちえ》
中公新書 *2656*

2021年８月25日発行

著　者　小原嘉明
発行者　松田陽三

本文印刷　三晃印刷
カバー印刷　大熊整美堂
製　　本　小泉製本

発行所　中央公論新社
〒100-8152
東京都千代田区大手町 1-7-1
電話　販売 03-5299-1730
　　　編集 03-5299-1830
URL http://www.chuko.co.jp/

Published by CHUOKORON-SHINSHA，INC.
Printed in Japan　ISBN978-4-12-102656-9 C1245